教育部高职高专规划教材

化工单元过程课程设计

王明辉　主编

化学工业出版社

·北京·

图书在版编目（CIP）数据

化工单元过程课程设计/王明辉主编. —北京：化学工业出版社，2002.6（2023.2重印）
教育部高职高专规划教材
ISBN 978-7-5025-3660-2

Ⅰ.化… Ⅱ.王… Ⅲ.化学单元操作-化工过程-化工设备-设计-高等学校：技术学校-教材 Ⅳ.TQ051.02

中国版本图书馆 CIP 数据核字（2002）第 027284 号

责任编辑：何　丽　　　　装帧设计：郑小红
责任校对：凌亚男

出版发行：化学工业出版社　教材出版中心（北京市东城区青年湖南街 13 号　邮政编码 100011）
印　　装：天津盛通数码科技有限公司
787mm×1092mm　1/16　印张 9.5　插页 2　字数 229 千字　　2023 年 2 月北京第 1 版第 16 次印刷

购书咨询：010-64518888　　　　售后服务：010-64518899
网　　址：http://www.cip.com.cn
凡购买本书，如有缺损质量问题，本社销售中心负责调换。

定　　价：**26.00 元**

版权所有　违者必究

全国高等职业教育化工专业教材编审委员会

主　　任： 赵杰民

副 主 任： 张鸿福　李顺汀　田　兴　黄永刚　任耀生

基础化学组： 赵文廉　宋长生

苏　静　胡伟光　初玉霞　丁敬敏　王建梅　张法庆

徐少华

数理基础组： 于宗保　王绍良　王爱广

金长义　陈　泓　朱芳鸣　高　松　刘玉梅　杨　凌

董振珂　李元文　丛文龙　傅　伟

化工基础组： 唐小恒　周立雪　秦建华

王小宝　张柏钦　张洪流　邢鼎生　张国铭　徐建良

周　健

化工专业组： 刘德峥　陈炳和　杨宗伟

王文选　文建光　田铁牛　李贵贤　梁凤凯　卞进发

杨西萍　舒均杰　郑广俭

人文社科组： 曹克广　霍献育　徐沛林

刘明远　曾悟声　马　涛　侯文顺　曲富军　高玉萍

史高锋　赵治军

工程基础组： 丁志平　刘景良　姜敏夫

魏振枢　律国辉　过维义　吴英绵　章建民　张　平

许　宁　贺召平

出版说明

高职高专教材建设工作是整个高职高专教学工作中的重要组成部分。改革开放以来，在各级教育行政部门、有关学校和出版社的共同努力下，各地先后出版了一些高职高专教育教材。但从整体上看，具有高职高专教育特色的教材极其匮乏，不少院校尚在借用本科或中专教材，教材建设落后于高职高专教育的发展需要。为此，1999年教育部组织制定了《高职高专教育专门课课程基本要求》（以下简称《基本要求》）和《高职高专教育专业人才培养目标及规格》（以下简称《培养规格》），通过推荐、招标及遴选，组织了一批学术水平高、教学经验丰富、实践能力强的教师，成立了“教育部高职高专规划教材”编写队伍，并在有关出版社的积极配合下，推出一批“教育部高职高专规划教材”。

“教育部高职高专规划教材”计划出版500种，用5年左右时间完成。这500种教材中，专门课（专业基础课、专业理论与专业能力课）教材将占很高的比例。专门课教材建设在很大程度上影响着高职高专教学质量。专门课教材是按照《培养规格》的要求，在对有关专业的人才培养模式和教学内容体系改革进行充分调查研究和论证的基础上，充分吸取高职、高专和成人高等学校在探索培养技术应用性专门人才方面取得的成功经验和教学成果编写而成的。这套教材充分体现了高等职业教育的应用特色和能力本位，调整了新世纪人才必须具备的文化基础和技术基础，突出了人才的创新素质和创新能力的培养。在有关课程开发委员会组织下，专门课教材建设得到了举办高职高专教育的广大院校的积极支持。我们计划先用2～3年的时间，在继承原有高职高专和成人高等学校教材建设成果的基础上，充分汲取近几年来各类学校在探索培养技术应用性专门人才方面取得的成功经验，解决新形势下高职高专教育教材的有无问题；然后再用2～3年的时间，在《新世纪高职高专教育人才培养模式和教学内容体系改革与建设项目计划》立项研究的基础上，通过研究、改革和建设，推出一大批教育部高职高专规划教材，从而形成优化配套的高职高专教育教材体系。

本套教材适用于各级各类举办高职高专教育的院校使用。希望各用书学校积极选用这批经过系统论证、严格审查、正式出版的规划教材，并组织本校教师以对事业的责任感对教材教学开展研究工作，不断推动规划教材建设工作的发展与提高。

教育部高等教育司

前　　言

为了培养适应21世纪技术型、应用型化工人才，考虑到高职教育专业课程的基本要求，我们编写本书作为高职化工工艺类专业的基本教材，也是化工工艺专业的一门综合性和实践性较强的课程，是理论联系实际的桥梁。希望学生能综合动用本课程及有关先修课程的基本知识在规定的时间内完成某一设计任务。

本书的主要特点是理论内容与实际相结合；整体内容易懂，应用性强；围绕课程设计的要求，强调技术上的先进性、可行性，经济上的合理性；便于自学等。

本书可以作为高等职业教育、高等专科学校化工工艺类各专业化工单元操作课程设计教材和参考书，也可以供从事化工设计的工程技术人员参考。本教材的理论课时数约为40～50学时。实训时间可以根据不同设计任务而不同。一般考虑两周时间。

本书共分六章。第一、四、五、六章由王明辉编写，第二、三章由张利锋编写，全书由王明辉统稿，汤金石主审。

本书在编写过程中得到了周立雪、陆小荣、陆清、刘爱民、王纬武等老师的大力支持和帮助，在此表示衷心的感谢。

由于编者的水平有限，书中难免有不妥之处，诚恳希望读者批评指正。

编者

二〇〇一年十二月

目　　录

绪　论

一、化工单元过程课程设计的目的和要求

化工单元操作设计是让学生综合运用《流体流动与传热》和《传质与分离技术》等有关先修课程的基本知识去完成某一设计任务的实践性训练，也是为了更好地培养应用型技术人才而进行实践操练的教学环节。该训练的目的是使学生学会如何运用化工单元操作的基本原理、基本规律以及常用设备的结构和性能等知识去解决工程上的实际问题；是培养学生正确树立工程观念和严谨的科学作风。

虽然课程设计未能达到完整的工程设计要求，但也不同于平时的习题练习。在设计过程中不仅需要学生自己查阅文献资料、确定设计方案、选择工艺流程、进行工艺计算等，而且要对自己的选择做出充分论证和校核，最终选定符合实际生产要求的最佳设计方案。因此，化工单元操作设计是一门化工基础课程教学中综合性和实践性较强的教学环节，也是培养提高学生独立工作能力的有益实践，更是理论联系实际的有效手段。

通过课程设计，学生们应该在以下几方面的能力得到提高。

① 熟悉查阅文献资料、搜集有关数据、运用计算公式等方法；

② 独立思考如何兼顾技术上的先进性、可行性、经济上的合理性；

③ 综合分析设计的任务和要求，正确选定工艺流程、工艺设备型号等；

④ 正确掌握过程计算以及工艺设备的设计计算方法；

⑤ 学会用精练的语言、简洁的文字、清晰的图表来表达自己的设计思想和设计结果。

二、化工单元过程课程设计的主要内容

(1) 准备工作　查阅资料、手册等有关物性数据。

(2) 选择设计方案　包括工艺流程以及主要设备型式的选择。

(3) 主要设备的工艺设计计算　包括工艺参数的选定、物料衡算、热量衡算、设备工艺尺寸计算。

(4) 辅助设备的选型和计算　包括辅助设备的主要工艺尺寸计算和设备型号规格的选定。

(5) 设计论证　包括计算结果的反复校核、技术上的可行性、生产上的安全性以及经济上的合理性等。

(6) 工艺流程简图的绘制　包括物料流向以及化工参数测量点的标注。

(7) 主要设备结构简图的绘制　包括工艺尺寸、技术特性表和接管表。

(8) 编写设计说明书　包括以下几项：前言；目录；设计题目（任务书）；设计计算与说明；设计方案的说明和论证；设计数据汇总；工艺流程示意图；对设计的评述及有关问题的讨论；参考文献。

三、怎样进行课程设计

首先要明确设计任务，了解生产工艺流程。课程设计主要是强调工艺流程中主体设备的

设计。主体设备是指在每个单元操作中处于核心地位的关键设备，如传热过程中的换热器，蒸馏和吸收中的塔设备（板式塔和填料塔），干燥过程中的干燥器。课程设计就是对主体设备的工艺尺寸以及结构设计的计算进行正确分析、筛选及论证，最终确定合理的工艺条件，并用一张总图表示出来。

其次要进行技术经济评价。技术经济评价是化工规划、设计、施工和生产管理中的重要手段，经过反复修改和多次更新评价，最终可以确定最佳方案，达到化工过程最优化目的。

第一章　概　　论

第一节　化工设备材料性能和选用

一、材料的一般性能

1. 力学性能

力学性能是指金属材料在外力作用下表现出来的特性，如强度、硬度、弹性、塑性、韧性等，这些性能是化工设备设计中材料选择及计算中决定许用应力的依据。

（1）强度　材料的强度是指材料抵抗外力作用不发生破坏的能力。关于材料在常温下的强度、弹性、塑性的知识在化工设备机械基础课程中已学过，这里仅介绍高温强度的知识。在高温下，金属材料的屈服限 σ_s、抗拉强度限 σ_b 都会发生显著变化。通常随着温度增加，金属的强度降低，塑性增加。

（2）硬度　材料的硬度是指抵抗压入物体（钢球或锥体）压陷能力的大小。它同时体现了材料对局部塑性变化的抵抗能力。一般情况下，硬度高的材料强度高，耐磨性能较好，而切削加工性能较差。

（3）塑性　材料的塑性是指材料受力时，当应力超过屈服点后能产生显著的变化而不即行断裂的性质，残余的变形称塑性变形。工程上常以延伸率 δ 和断面收缩率 φ 作为材料塑性的指标。δ 和 φ 值愈大，材料塑性愈好。

（4）冲击韧性　对于承受有波动或冲击载荷的零件及在低温条件下使用的设备，其材料性能仅考虑几种指标是不够的，必须考虑抗冲击性能。表示材料抵抗冲击载荷能力大小的指标称冲击韧性。

2. 理化性能

金属材料的物理性能有密度、熔点、比热容、导热系数、热膨胀系数、导电性、磁性、弹性模量与泊松比等。常用金属材料的物理性能列于表 1-1。

表 1-1　几种常用金属的物理性能

金　属	密度 ρ /(g/cm³)	熔点 t_m /℃	比热容 /[J/(kg·K)]	导热系数 λ /[W/(m·K)]	线膨胀系数 $\alpha\times10^{-6}$ /(1/℃)	电阻率 ρ /(Ω·mm²/m)	弹性模量 E /MPa	泊松比 μ
灰铸铁	7.0～7.4	1250～1280	0.54	25～27	11.0	0.6	(1.5～1.6)×10⁵	0.23～0.27
高硅铁 Si-15	6.9	1220	—	5.2	4.7	0.63	—	—
碳钢及低合金钢	7.85	1400～1500	0.46	46～58	11.2	0.11～0.13	(2.0～2.1)×10⁵	-0.24～0.28
1Cr18Ni9Ti	7.9	1400	0.50	14～19	17.3	0.73	2.1×10⁵	0.25～0.30
铜	8.94	1083	0.39	384	16.4	0.017	1.0×10⁵	0.31～0.34
68 黄铜	8.5	940	0.38	104～116	20.0	0.072	1.0×10⁵	0.36

续表

金属	密度 ρ /(g/cm³)	熔点 t_m /℃	比热容 /[J/(kg·K)]	导热系数 λ /[W/(m·K)]	线膨胀系数 $\alpha \times 10^{-6}$ /(1/℃)	电阻率 ρ /(Ω·mm²/m)	弹性模量 E /MPa	泊松比 μ
铝	2.71	657	0.91	219	24.0	0.026	0.69×10^5	0.32～0.36
铅	11.35	327	0.13	35	29.2	0.22	0.17×10^5	0.42
镍	8.8	1452	0.46	58	34	0.092	1.7×10^5	0.27～0.29

金属的化学性能是指材料在所处介质中的化学稳定性，即材料是否会与周围介质发生化学和电化学作用而引起腐蚀。金属的化学性能指标主要有耐腐蚀性和抗氧化性。

（1）耐腐蚀性

金属和合金对周围介质，如大气、水汽、各种电解液侵蚀的抵抗能力叫耐腐蚀性。化工生产中所处理的物料常有腐蚀性。材料的耐腐蚀性不强，必将影响设备的使用寿命，有时还会影响产品的质量。

工程上常粗略地将耐腐蚀性评为三级，列于表 1-2。

表 1-2　耐腐蚀性能三级标准

耐腐蚀性能分类	耐蚀等级	腐蚀速度（mm/年）
耐蚀	1	＜0.1
尚耐蚀、可用	2	0.1～1
不耐蚀、不宜用	3	＞1

常用金属材料在酸、碱、盐类介质中的耐腐蚀性能见表 1-3。

表 1-3　常用材料在不同温度和含量的酸碱盐类介质中的耐蚀性

材料	硝酸		硫酸		盐酸		氢氧化钠		硫酸铵		硫化氢		尿素		氨	
	质量分数	温度/℃	质量分数	温度/℃	质量分数	温度/℃	质量分数	温度/℃	质量分数	温度/℃	质量分数	温度/℃	质量分数	温度/℃	质量分数	温度/℃
灰铸铁	×	×	70%～100%（80%～100%）	20 70	×	×	（任）	（480）	×	×			×	×		
高硅铁 Si-15	≥40% ＜40%	≤沸 ＜70	50%～100%	＜120	（＜35%）	（30）	（34%）	（100）	耐	耐	潮湿	100	耐	耐	（25%）	（沸）
碳钢	×	×	70%～100%（80%～100%）	20（70）	×	×	≤35% ≥70% 100%	120 260 480	×	×	80%	200	×	×		（70）
18-8型不锈钢	＜50%（60%～80%）95%	沸（沸）40	80%～100%（＜10%）	＜40（＜40）	×	×	≤70%（熔体）	100（320）	（饱）	250		100			溶液与气体	100

续表

材料	硝酸		硫酸		盐酸		氢氧化钠		硫酸铵		硫化氢		尿素		氨	
	质量分数	温度/℃	质量分数	温度/℃	质量分数	温度/℃	质量分数	温度/℃	质量分数	温度/℃	质量分数	温度/℃	质量分数	温度/℃	质量分数	温度/℃
铝	(80%～95%) >95%	(30) 60	×	×	×	×	×	×	10%	20		100			气	300
铜	×	×	<50% (80%～100%)	60 (20)	(<27%)	(55%)	50%	35	(10%)	(40)	×	×			×	×
铅	×	×	<60% (<90%)	<80 (90)	×	×	×	×	(浓)	(110)	干燥气	20			气	300
钛	任	沸	5%	35	<10%	<40%	10%	沸					耐	耐		

注：表中数据及文字为材料耐腐蚀的一般条件，其中，带括弧（　）者为尚耐蚀；“×”为不耐蚀；“任”为任意浓度；“沸”为沸点温度；“饱”为饱和温度；熔体为熔融体。

（2）抗氧化性

在化工生产中，有很多设备和机械是在高温下操作的，如氨合成塔、硝酸氧化炉、石油气制氢转化炉等。在高温下，钢铁与自由氧、水蒸气、二氧化碳、二氧化硫等气体产生高温氧化与脱碳作用，使钢铁表面形成 FeO 氧化皮，结构疏松容易剥落。脱碳使钢的力学性能下降，特别是降低了材料的表面硬度和抗疲劳强度。因此，高温设备必须选用耐热材料。

（3）加工工艺性能

金属和合金的工艺性能是指可铸造性能、可锻造性能、可焊接性能和可切削加工性能等。这些性能直接影响化工设备和零部件的制造工艺方法和质量。故加工工艺性能是化工设备选材时必须考虑的因素之一。

二、化工设备材料选择

在设计和制造化工设备时，合理选择和正确使用材料十分重要。这不仅要从设备结构、制造工艺、使用条件和寿命等考虑，而且要从材料的物理性能、力学性能、耐腐蚀性能、材料价格与供应等方面综合考虑。

设备设计中，屈服极限、抗拉强度极限是决定钢板使用应力的依据。选用材料的强度越高，容器的强度尺寸（如容器壁厚度）可以越小，从而节省金属材料的用量。但强度高的材料，塑性、韧性较低，制造困难。因此，要根据设备具体工作条件和技术经济指标恰当选择。关于材料耐蚀性，可参考表 1-3。关于材料的经济性，在满足设备使用性能前提下，选用材料应注意其经济效果。现将一些常用材料的相对比价列于表 1-4。碳钢与铸铁的价格比较低廉，在满足设备耐蚀性能与力学性能条件下应优先选用。同时，还应考虑国家生产与供应情况，因地制宜选取，品种应尽量少而集中，以便于采购与管理。

表 1-4　钢材相对比价

钢材	材料种类	相对比价	备注
钢板	普通钢板	1	热轧中厚钢板 6～30mm
	优质钢板	1.5	厚 6～40mm
	普通低合金钢板	1.2	厚 4～40mm

续表

钢　材	材料种类	相对比价	备　注
钢　板	铬镍不锈钢板	17.5	1Cr18Ni9Ti 等厚 1～20mm
	超低碳不锈钢	34.2	厚 1～20mm
	紫铜板	12.08	厚 0.5～15mm
	钛板	173.33	钛合金冷轧
管　材	普通无缝管（热轧）	1	ϕ38mm～ϕ159mm
	普通无缝管（冷拔）	1.69	ϕ76mm
	铬不锈钢管	1.29	<ϕ76mm（热轧）
	铬镍不锈钢管	4.35	<ϕ76mm（冷拔）
	紫铜管	7.6	ϕ5mm～ϕ75mm
	钛管	63.11	

注：本表以 1989 年国家牌价为依据进行比较。

第二节　化工设备图的表达

一、化工设备图常用表达方法

化工设备的基本形体多为回转体，故常采用两个基本视图，再配以局部视图来表达。装配图上除了标题栏明细表和技术要求外，还有管口表和技术特性表。

1. 基本视图表达方法

对立式设备，常用主视图表达轴向形体，且常作全剖，用俯视图表达径向形体。对于高大的设备也可横卧来画，和卧式设备表达方法相同，以主视图表达轴向形体，用左（右）视图表达径向形体。对特别高大或狭长的设备，如果视图难以按投影位置放置时，允许将俯视（左视）图绘制在图样的其他空处，但必须注明“俯（左）视图”或“X向”等字样。当设备需较多视图才能表达完整时，允许将部分视图画在数张图纸上，但主视图及该设备的明细表、技术要求、技术特性表、管口表等均应安排在第一张图纸上，同时在每张图纸上应说明视图间的关系。

2. 多次旋转表达

为了在同一主视图上反映出结构方位不同的管口和零部件的真实形状和位置，在化工设备图中常采用多次旋转画法，并允许不作旋转方向标注，但其周向方位应以管口方位图或以俯（左）视图为准，如图 1-1 所示。当旋转后出现图形重叠现象时应改用局部视图等方法另行画出，(如管口 d 就不能旋转重叠画出)。

3. 局部放大表达

按总体尺寸选定的绘图比例，往往无法将其局部结构表达清楚，因此常用局部放大图（又称节点放大图）来表示局部详细结构，局部放大图常用剖视、剖面来表达，也可用一组视图来表达。

4. 夸大表达

某些部位因绘图比例较小，可采用不按比例的夸大画法，如设备的壁厚常用双线夸大地画出，剖面线符号用涂色方法来代替。

此外，设备中如有若干个结构相同仅尺寸不同的零部件时，可集中综合列表表达它们的尺寸，如图 1-2 所示。

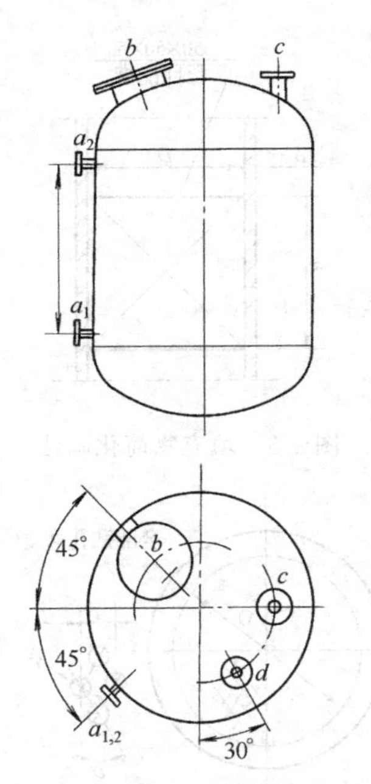

图 1-1　主视、俯视图表示方法

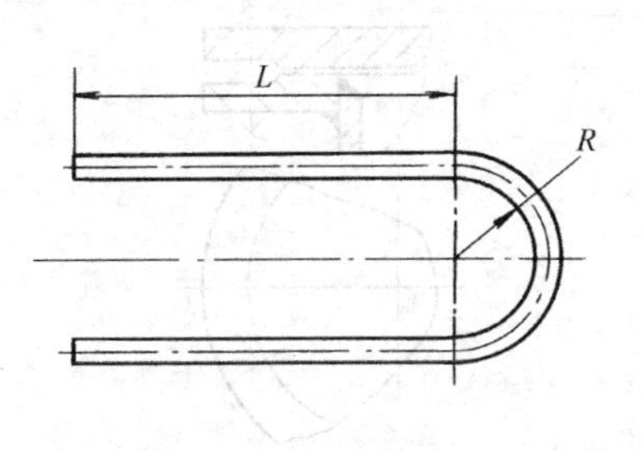

(mm)

序号	1	2	3	…
R	40	45	50	…
L	550	600	650	…
全长	1580	2000	3000	…

图 1-2　尺寸、列表表示

二、化工设备图的绘制方法

1. 化工设备图的简化画法

绘制化工设备图时可采用一些简化画法，现举例如下。

① 设备上的某些结构，如果已画了零部件图或以用其他方式表达清楚时，装配图上允许用单线表示。

② 对标准件、外购件、或有复用图的零部件，在装配图中只需按比例画它们的外壳轮廓，如电动机、标准人孔、手孔等都可按此简化表达。如图 1-3 所示。

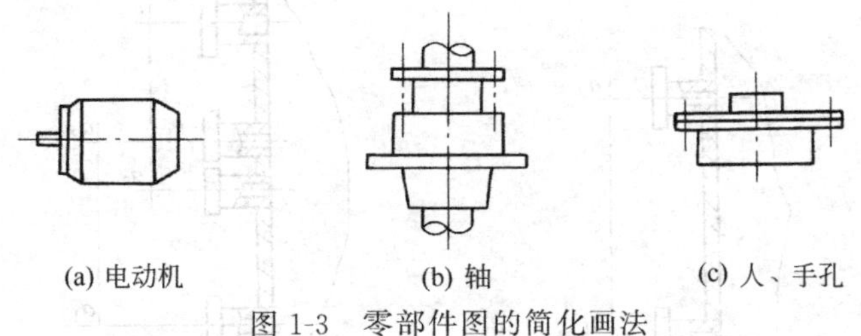

(a) 电动机　　(b) 轴　　(c) 人、手孔

图 1-3　零部件图的简化画法

③ 重复结构的简化画法　对螺栓孔和螺栓连接可如图 1-4 所示简化表示。

对设备中装放的填充物，在装配图的剖视中可用交叉的细直线及有关尺寸和文字简化表达，如图 1-5 所示。

多孔板孔眼的几种简化表达如图 1-6 所示。当设备有密集的管子，如列管式换热器中的换热管，在装配图上可只画一根管，其余的均用中心线表示。

④ 管法兰的简化画法　装配图中管法兰的画法均可简化成如图 1-7 所示而不必分清连接面是什么型式，对其类型、密封面型式、焊接型式等均在明细表和管口表中标出。对于特殊结构的法兰，要用局部视图表示，如图 1-8 所示，其中衬层断面可不加剖面符号。

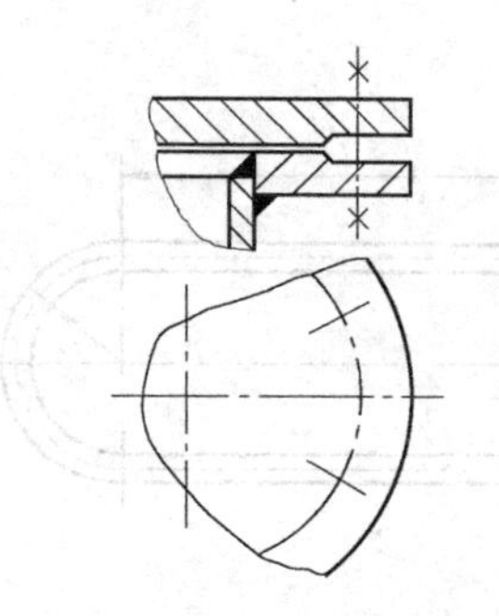

图 1-4　重复结构的简化画法

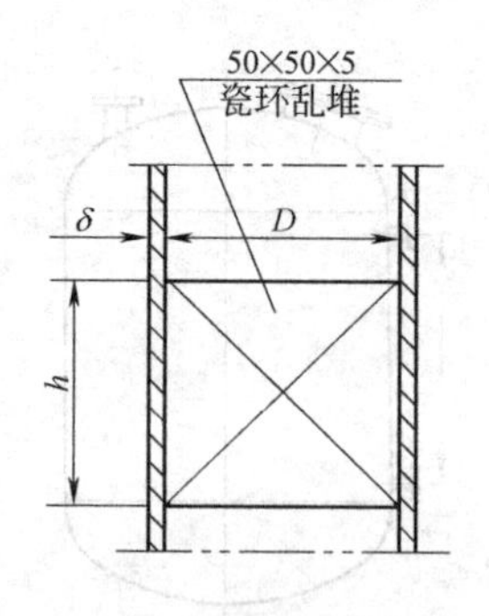

图 1-5　填充物简化画法

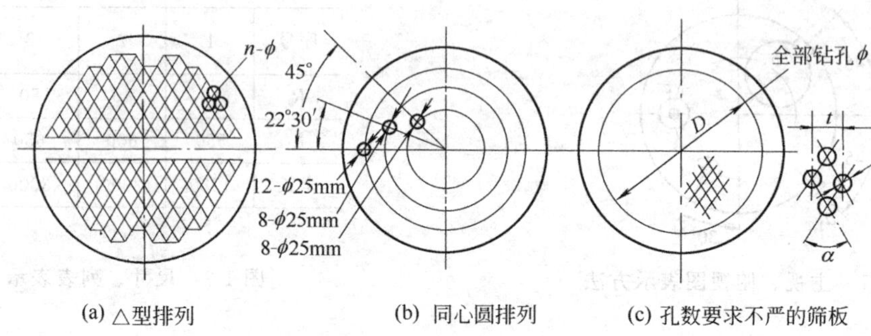

图 1-6　多孔板画法的简化表达

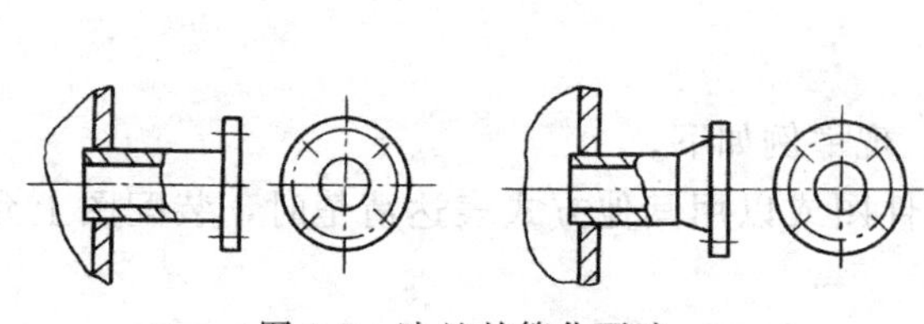

图 1-7　法兰的简化画法

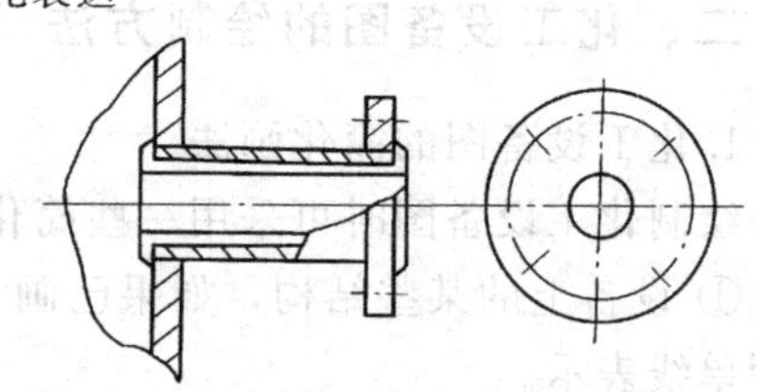

图 1-8　特殊结构法兰局部视图表示

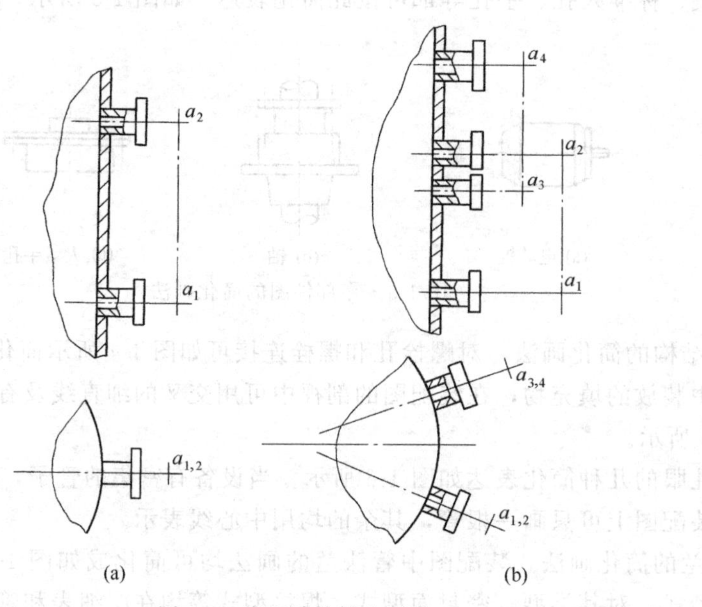

图 1-9　液面计的简化画法

⑤ 液面计的简化画法　图 1-9 为液面计的简化表达。

2. 焊缝画法和标注

化工设备图的焊缝画法应符合国家标准《机械制图》的规定，其标注内容应包括接头型式、焊接方法、焊缝结构尺寸和数量等内容。对于常低压设备，在装配图的剖视中采用涂黑表示焊缝的剖面，如图 1-10 所示。对它的标注，一般只需在技术要求中统一说明采用的焊接方法以及接头型式等要求。例如在装配图的技术要求中常注以"本设备采用手工电弧焊，焊接接头型式按 GB 985—80 规定"等字样。

当设备中某些焊缝结构的要求和尺寸，未能包括在统一说明中或有特殊需要必须单独注明时，可在相应的焊缝结构处注出焊缝代号或接头文字代号。焊缝代号的详细规定可参阅国标《焊缝代号》GB 324—88。此外，在技术要求中还要对采用的焊条型号、焊缝的检验等作说明。

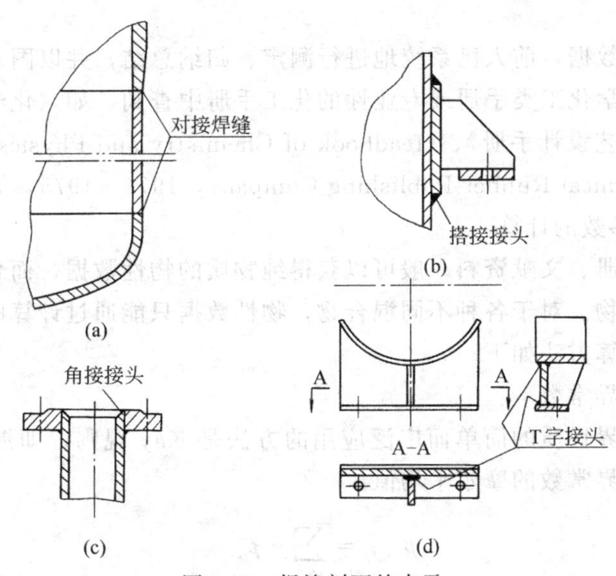

图 1-10　焊缝剖面的表示

三、化工设备设计步骤

1. 准备阶段

首先结合设计任务书，查阅相关文献资料，充分了解化工单元设备的结构特点。另外需要准备好绘图工具，有关设计手册等必备资料。

2. 设计阶段

(1) 选定设计方案　主要包括设计的工艺流程，气体设备的结构型式以及重要的操作方式、操作参数的确定。

(2) 主体设备的工艺设计计算　包括工艺参数的选定，物料衡算、热量衡算、设备的工艺尺寸计算以及设计校核的计算。

(3) 典型辅助设备的选型和计算　包括典型辅助设备的主要工艺尺寸计算和设备型号规格的选定。

3. 编写设计说明书

设计说明书是课程设计的主要成果之一。其内容包括以下六部分：

① 说明书的目录和设计任务书；

② 前言——对本设计进行概括的介绍和有关说明；

③ 工艺计算部分；

④ 工艺流程图和主体设备结构图，并作出适当说明；

⑤ 设计结果与讨论，汇总设计结果一览表和提出适当建议；

⑥ 设计中所引用的参考书目，写出书名、作者、出版单位和出版时间。

第三节 化工工艺数据的收集和整理

一、物性参数的查询和计算

1. 手册查询

常用物质的物性数据，前人已系统地进行测定、归纳总结，并以图表形式表达出来。这些数据可以从有关化学化工类手册或专业性的化工手册中查到。如《化学工程手册》、《化工工艺算图》、《化工工艺设计手册》、Headbook of Chemistry and Physics，55th Edition，R. C. Weast，ed；Chemical Rubber Publishing Company，1974—1975，等。

2. 混合物物性参数的计算

通过查询有关手册、文献资料一般可以获得纯物质的物性数据，而化工生产过程中所处理的物料大多为混合物。对于各种不同混合物，物性数据只能通过计算的方法来获得。常见混合物物性数据的计算方法如下。

（1）混合物的临界常数

计算混合物假临界性质的简单而广泛应用的方法是 Kay 规则，即混合物的假临界常数为纯物质（组分）临界常数的摩尔平均值。

$$p_{c,m}=\sum_{i=1}^{n} y_i p_{c,i} \tag{1-1}$$

$$T_{c,m}=\sum_{i=1}^{n} y_i T_{c,i} \tag{1-2}$$

式中 $p_{c,m}$——混合物的假临界压力；

$T_{c,m}$——混合物的假临界温度；

y_i——混合物中纯组分 i 的摩尔分数；

$p_{c,i}$——组分 i 的临界压力；

$T_{c,i}$——组分 i 的临界温度；

n——混合物中纯组分总数。

（2）理想气体混合物的密度

理想气体混合物的密度也可用纯理想气体密度的计算式进行计算，只是摩尔质量需用混合气体的平均摩尔质量。

$$\rho_m=\frac{M_m}{22.4}\times\frac{T^{\ominus}p}{Tp^{\ominus}} \tag{1-3}$$

$$M_m=\sum_{i=1}^{n} y_i M_i \tag{1-4}$$

式中　ρ_m ——理想混合气体的密度；

M_m ——混合气体的平均摩尔质量，kg/kmol；

$T^{\ominus}$、$p^{\ominus}$——标准状态下的温度、压力；

T ——混合气体的实际温度。

(3) 液体混合物的密度

$$\frac{1}{\rho_m}=\sum_{i=1}^{n}\frac{x_i}{\rho_i} \tag{1-5}$$

式中　x_i ——混合液中纯组分 i 的摩尔分数。

(4) 混合物的粘度

① 常压下气体混合物的粘度，可采用下式计算。

$$\mu_m=\frac{\sum_{i=1}^{n}y_i\mu_iM_i^{1/2}}{\sum_{i=1}^{n}y_iM_i^{1/2}} \tag{1-6}$$

式中　μ_m ——常压下混合气体的粘度；

μ_i ——与混合气体同温、同压下纯组分 i 的粘度；

M_i ——纯组分 i 的摩尔质量，kg/kmol；

y_i ——混合气中纯组分 i 的摩尔分数。

② 分子不缔合的液体混合物的粘度，可用下式计算。

$$\lg\mu_m=\sum_{i=1}^{n}x_i\lg\mu_i \tag{1-7}$$

式中　μ_m ——混合液的粘度；

μ_i ——混合液温度下纯组分 i 粘度；

x_i ——混合液中纯组分 i 的摩尔分数。

(5) 混合物的导热系数

① 常压下气体混合物的导热系数，可用下式计算。

$$\lambda_m=\frac{\sum_{i=1}^{n}\lambda_iy_iM_i^{1/3}}{\sum_{i=1}^{n}y_iM_i^{1/3}} \tag{1-8}$$

式中　λ_m ——混合气体的导热系数；

λ_i ——与混合气同温、同压下纯组分 i 的导热系数；

其他符号同上。

② 有机化合物水溶液导热系数的估算式为

$$\lambda_m=0.9\sum_{i=1}^{n}x_i\lambda_i \tag{1-9}$$

式中　x_i ——水溶液中组分 i 的摩尔分数；

其他符号同上。

③ 有机化合物的互溶混合液导热系数的估算式为

$$\lambda_m=\sum_{i=1}^{n}x_i\lambda_i \tag{1-10}$$

(6) 溶液的表面张力

可以通过下式估算

$$\sigma_m=\sum_{i=1}^{n}x_i\sigma_i \tag{1-11}$$

式中 σ_m ——混合溶液的表面张力；

σ_i ——溶液温度下纯组分 i 的表面张力。

以上有关混合物物性计算式均为经验式。使用经验式都有一定的范围条件，在此不作详述，只推荐作为课程设计时使用。

(7) 混合物的汽化热

混合物的汽化热可根据组成混合物各纯组分的，按摩尔分数假以平均计算。

$$r_m=\sum_{i=1}^{n}x_ir_i \tag{1-12}$$

式中 r_m ——混合物的平均汽化热；

r_i ——与混合物同温、同压下纯组分 i 的汽化潜热。

(8) 溶液的比热容

水溶液的定压比热容可按下面的经验公式估算

$$c_{p,m}=c_{p,w}(1-x)+c_{p,B}x \tag{1-13}$$

式中 $c_{p,m}$ ——水溶液的比热容，kJ/(kg·℃)；

$c_{p,w}$ ——纯水的比热容；

$c_{p,B}$ ——溶质的比热容；

x ——溶液中溶质的摩尔分数。

当 $x<0.2$ 时，上式可以简化为：$c_{p,m}=c_{p,w}(1-x)$

二、化工工艺的基本计算

1. 物料恒算

为了弄清生产过程中原料、成品以及损失的物料数量，必须要进行物料恒算。物料恒算为质量守恒定律的一种表现形式，即：

$$\Sigma G_{in}=\Sigma G_{out} \tag{1-14}$$

式中 ΣG_{in} ——输入物料的总和；

ΣG_{out} ——输出物料的总和。

经过物料恒算，可以求出加入设备和离开设备的物料（包括原料、中间体、成品）各组分、质量和体积，依此可以进一步计算产品的原料消耗定额、日耗量、年耗量等设计所必需的基础数据，为以后确定设备的容量、套数和主要工艺尺寸等设计工作做好准备。

例 如图1-11所示。每小时100kmol含苯30%（摩尔分数，下同）和甲苯70%的混合溶液，在连续精馏塔中进行分离，要求塔顶含苯大于98%，塔釜馏出液含苯小于1.5%，试求塔顶、塔釜的产量。

解

$$F=D+W$$

$$F\cdot x_F=D\cdot x_D+W\cdot x_W$$

$$\begin{cases}100=D+W\\100\times0.30=D\times0.98+W\times0.015\end{cases}$$

$$D=28.4(\text{kmol/h})$$

$$W=71.6(\text{kmol/h})$$

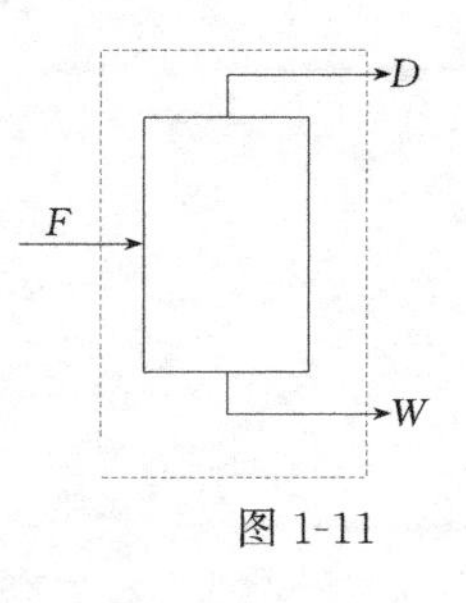

图 1-11

2. 能量恒算

机械能、热量、电能、磁能、化学能、原子能等统称为能量，各种能量间可以相互转换，化工计算中遇到的往往不是能量间转换问题，而是总能量恒算。

能量恒算的依据是能量守恒定律，对热量恒算可以写成

$$\sum Q_{\mathrm{I}}=\sum Q_{0}+Q_{\mathrm{L}} \tag{1-15}$$

式中 $\sum Q_{\mathrm{I}}$ ——随物料进入系统的总热量；

$\sum Q_{0}$ ——随物料离开系统的总热量；

Q_{L} ——向系统周围散失的热量。

作热量恒算时也和物料恒算一样，要规定出恒算基准和范围。

三、设计参数的调整

所谓设计参数是设计过程涉及的物理量和生产控制指标，包括物性参数、过程参数、结构参数。

设计中常用的物性参数有定压热容、密度、粘度、导热系数等，一般由设计者查询有关手册或通过有关经验公式计算，在设计过程中是不允许随意调整或更改的。同样对于过程参数一般都是由生产工艺而定（即由设计任务书给定，如温度、压力、体积等），在设计过程中是不能随意改变的，而结构参数在设计中根据生产工艺的要求可以反复调整，直到满意为止。所谓结构参数就是指设备形状和大小的几何尺寸，如塔高、塔径、板间距等，设计者可以通过自己的设计计算结果进行适当筛选、优化，最终获得最佳工艺尺寸。

第二章　化工管路

第一节　概　述

一、管路的作用

管路是由管子、管件和阀门等连接而成的。在化工厂中，管路纵横交错，犹如人体中的血管一样，占有重要地位。管路的作用主要是用来连接生产中的设备和输送各种性质不同的流体。在生产中，只有管路畅通，阀门调节适当，才能保证整个生产正常运行，所以管路在生产中起着极其重要的作用。

二、管路标准化

化工管路标准化的目的是：便于大量生产；便于安装维修；减少仓库中备品备件储量以及有利于设计工作。

化工管路标准化的内容是:规定管子、管件、阀门、法兰和垫片的直径、连接尺寸和结构尺寸的标准,以及压力的标准等。其中直径标准和压力标准是选择管子和管路附件的基本依据。

1.公称直径

管子和管件的公称直径是为了设计、制造、安装和维修的方便而规定的一种标准直径。一般情况下，公称直径的数值既不是管子或管件的内径也不是外径，而是与管子或管件的内径相接近的整数。在有些情况下，公称直径的数值等于管子的实际内径，如铸铁管。

公称直径用 DN 表示，其后附加公称直径的尺寸。例如：公称直径为 100mm，可表示为 $DN100$。有缝钢管的规格常用公称直径表示，而无缝钢管的规格常用 ϕ 外径×壁厚表示，如 ϕ108mm×4mm。管子和管路附件的公称直径见表 2-1。

表 2-1　管子和管路附件的公称直径

公称直径/mm(in)	公称直径/mm(in)	公称直径/mm(in)	公称直径/mm(in)
1	$10\left(\frac{3}{8}\right)$	$65\left(2\frac{1}{2}\right)$	225
2	$15\left(\frac{1}{2}\right)$	80(3)	250
3	$20\left(\frac{3}{4}\right)$	100(4)	300
4	25(1)	125(5)	350
5	$32\left(1\frac{1}{4}\right)$	150(6)	400
$6\left(\frac{1}{8}\right)$	$40\left(1\frac{1}{2}\right)$	175	450
$8\left(\frac{1}{4}\right)$	50(2)	200	500

2.公称压力

公称压力是为了设计、制造和使用上的方便而规定的一种标准压力，在数值上它正好等于第一级工作温度下的最大工作压力。由于管材的机械强度随温度的升高而下降，所以最大工作压力随介质的温度升高而减小。管路的最大工作压力应等于或小于公称压力，参见表2-2。公称压力用符号 pN 表示，例如：公称压力为10MPa，用 $pN10$ 表示。

表 2-2　钢材及制件的公称压力和最大工作压力（摘录）

材　料	介质工作温度/℃						
Q235-A	200	250	275	300	325	350	
10、20、35、20g	200	250	275	300	325	350	375
16Mn	200	300	325	350	375	400	410
15MnV	250	300	350	375	400	410	420
公称压力/MPa	最大工作压力/MPa						
0.1	0.1	0.09	0.09	0.08	0.08	0.07	
0.25	0.25	0.23	0.21	0.20	0.19	0.18	0.17
0.6	0.6	0.55	0.51	0.48	0.45	0.43	0.40
1.0	1.0	0.92	0.86	0.81	0.75	0.71	0.67
1.6	1.6	1.5	1.4	1.3	1.2	1.1	1.05
2.5	2.5	2.3	2.1	2.0	1.9	1.8	1.7
4.0	4.0	3.7	3.4	3.2	3.0	2.8	2.7
6.4	6.4	5.9	5.5	5.2	4.9	4.6	4.4
10.0	10.0	9.2	8.6	8.1	7.6	7.2	6.8

注：表中所列压力均为表压。

第二节　管子及其选用

一、管子

化工生产中常用的管子种类很多，按材料可分为金属管、非金属管和衬里管三大类。

（一）金属管

1.有缝钢管（水、煤气管）

水、煤气管分镀锌的白铁管和不镀锌的黑铁管两种。常用于输送水、蒸汽、煤气、压缩空气和腐蚀性较小的流体。介质最高温度不超过200℃，正常工作压力（表压）普通管不大于0.6MPa，加厚管不大于1MPa。

2.无缝钢管

无缝钢管按制造方法分热轧和冷拔两种，按材料又分碳钢、优质碳钢、低合金钢、不锈钢、耐热铬钢管等。无缝钢管强度高，可用在高温、高压、易燃、易爆和有毒介质的管路上。普通碳钢的最大工作温度为250℃，优质碳钢为450℃，耐热合金钢可达900～950℃。

3.铸铁管

铸铁管比钢管耐腐蚀而价廉，常用于地下给水总管、煤气总管和污水管，也可用于输送碱液和浓硫酸等。铸铁管性脆，强度低和紧密性差，不宜用于输送高压、有毒或易爆炸气体。

4.铜管

铜管分紫铜管和黄铜管。紫铜管和黄铜管具有良好的导热性和低温的力学性能，常用于制造换热设备、制氧设备中的低温管路，以及机械设备中的油管和控制系统的管路。当工作温度高于250℃时，不宜在压力下使用。

5. 铝管

铝管有较高的耐腐蚀性，常用于输送浓硝酸、醋酸、甲酸、硫化氢及二氧化碳等介质，还可以输送硫酸盐、尿素、磷酸等腐蚀性介质。不能用于盐酸、碱液、特别是含氯离子的化合物。最高使用温度为200℃，温度高于160℃时，不宜在压力下使用。由于铝管导热性好，也常用来制造换热设备。

6. 铅管

铅管常用于输送酸性介质，能输送15%～65%的硫酸、干或湿的二氧化硫、60%的氢氟酸、含量小于80%的醋酸、含量小于10%的盐酸。但不宜输送硝酸、次氯酸盐及高锰酸盐类等介质。最高使用温度为200℃，工作温度高于140℃时，不宜在压力下使用。由于铅管有强度低、密度大、抗热性差等缺点，因此，近年来已逐渐被各种耐酸合金管和塑料管所代替。

(二) 非金属管

1. 塑料管

塑料管的主要优点是抗腐蚀性好、质轻、加工容易。其缺点是耐热性差、强度低，但由于性能上的不断改进，在许多方面可以取代金属管。常用的塑料管有如下几种。

(1) 硬聚氯乙烯塑料管　它除氧化剂（如含量大于50%的硝酸、发烟硫酸等）及苯、甲苯、酮类等碳氢化合物外，几乎能耐任何浓度的各类酸、碱、盐类及有机溶剂的腐蚀。适用温度为－15～60℃，常温下适用压力为轻型管小于0.6MPa，重型管（壁管较厚）小于1.0MPa。

(2) 耐酸酚醛塑料管　它能耐大部分酸类、有机溶剂等介质的腐蚀，特别能耐盐酸、氯化氢、硫化氢、二氧化硫、三氧化硫、低浓度及中等浓度硫酸的腐蚀，但不耐强氧化性酸（如硝酸、铬酸等）及碱、碘、溴、苯胺、吡啶等介质的腐蚀。适用温度一般为－30～130℃，挤压成型管子耐温性较好。其适用压力与管子的直径有关，见表2-3。

表2-3　不同管径耐酸酚醛塑料管的公称压力

公称直径 DN/mm	33	54	78	100	150～300	350～500	550～1000	1100～1200
公称压力 pN/MPa	0.6	0.5	0.4	0.3	0.2	0.15	0.1	0.06

2. 陶瓷管

陶瓷管耐腐蚀性好，除氢氟酸、氟硅酸和强碱外，能耐各种浓度的无机酸、有机酸和有机溶剂等介质的腐蚀。其缺点是性脆、不耐压、不耐温度剧变。其使用温度与陶瓷管的规格尺寸有关。推荐使用温度：耐酸管不大于90℃，耐温管不大于150℃，一般瓷管不大于120℃。输送流体压力不超过0.2MPa。

3. 玻璃管

玻璃管的优点是耐腐蚀、透明、光滑、耐磨、价廉。其缺点是耐压和耐热性差，容易损坏。玻璃管除氢氟酸、氟硅酸、热磷酸及强碱外，能耐大多数无机酸、有机酸及有机溶剂等介质的腐蚀。玻璃管可以用于温度为30～150℃，温度急变不超过80℃的场合，高强度玻璃管的工作压力可达0.8MPa。

4. 橡胶管

橡胶管是用天然或人造生橡胶与填料（硫磺、炭黑和白土等）组成的混合物，经加热硫化后制成的挠性管子。能抵抗多种酸碱液，但不能抵抗硝酸、有机酸和石油产品，允许的工作温度在170℃以下。橡胶管只作临时管路及某些管路的挠性连接件，不得作永久性的管路。

(三) 衬里管

凡是具有耐腐蚀材料衬里的管子均称为衬里管。一般常在碳钢管内衬里。作为衬里的材料很多，属于金属材料的有铅、铝和不锈钢等，属于非金属材料的有搪瓷、玻璃、塑料和橡胶等。衬里管可以适用于输送各种不同的腐蚀性介质，大量节省不锈钢，所以，今后衬里管必逐渐得到广泛的应用。

二、管子的选用

1. 管材选择

管子的材料主要依据被输送介质的温度、压力、腐蚀情况、管材供应来源和价格等因素综合考虑决定。本着既要保证安全，又要经济合理的原则进行选择。凡是能用低一级的，就不用高一级的；能用一般材料的，就不选用特殊材料。各种管材都有其特点，要选出合适的管材，就必须对各种管材有所了解，同时对输送介质的性质和操作条件进行全面分析，才能做到合理选择管材。

2. 管径的确定

当系统的流量一定时，管径的大小直接影响经济效果。管径小，流体的流速大，管路阻力大，动力消耗增加，使日常操作费用增加。反之，管径增大，虽然动力消耗减少，但设备费用却增加。合理的管径应使设备费用和操作费用之和为最小。管道设计中往往根据常用流速的经验值来计算管径。其计算式为

$$d=\sqrt{\frac{4q_V}{\pi u}}$$

式中 d ——管子直径，m；

q_V ——流体的体积流量，m^3/s；

u ——流体的流速（选经验值），m/s。

由上式算出的管径还应按照管子标准进行圆整，以确定实际管径和实际流速。工业上常用流速范围参见表2-4。

表2-4 管内流体的常用流速范围

流体类别及情况	常见流速范围/(m/s)	流体类型及情况	常见流速范围/(m/s)
自来水(表压0.3MPa左右)	1～1.5	压缩空气(表压0.1～0.2MPa)	10～25
工业供水(表压0.8MPa以下)	1.5～3	压缩空气(高压)	10
锅炉给水(表压0.8MPa以上)	＞3	空压机吸入管	＜10～15
油及粘度较高液体	0.5～2	空压机排出管	20～25
过热水	2	送风机吸入管	10～15
烟道气(烟道内)	3～6	送风机排出管	15～20
烟道气(管道内)	3～4	车间通风换气(主管)	4～15
饱和水蒸气(表压0.3MPa以下)	20～40	车间通风换气(支管)	2～8
饱和水蒸气(表压0.8MPa以下)	40～60	往复泵吸入管(水类液体)	0.7～1
饱和水蒸气(表压3MPa以上)	80	往复泵排出管(水类液体)	1～2
蛇管入口饱和水蒸气	30～40	离心泵吸入管(水类液体)	1.5～2
化工设备上的排气管	20～25	离心泵排出管(水类液体)	2.5～3
一般气体(常压)	10～20	真空管道	＜10

第三节　管件与阀门

一、管件

管路中的附件通称为管件。按其作用不同可分为以下五类。

① 改变流动方向　如图 2-1 中（a）、（c）、（f）（m）各种管件；

② 连接管路支管　如图 2-1 中（b）、（d）、（e）、（g）、（l）各种管件；

③ 改变管路直径　如图 2-1 中（j）、（k）等；

④ 堵塞管路　如图 2-1 中（h）和（n）；

⑤ 连接两管　如图 2-1 中（i）和（o）。

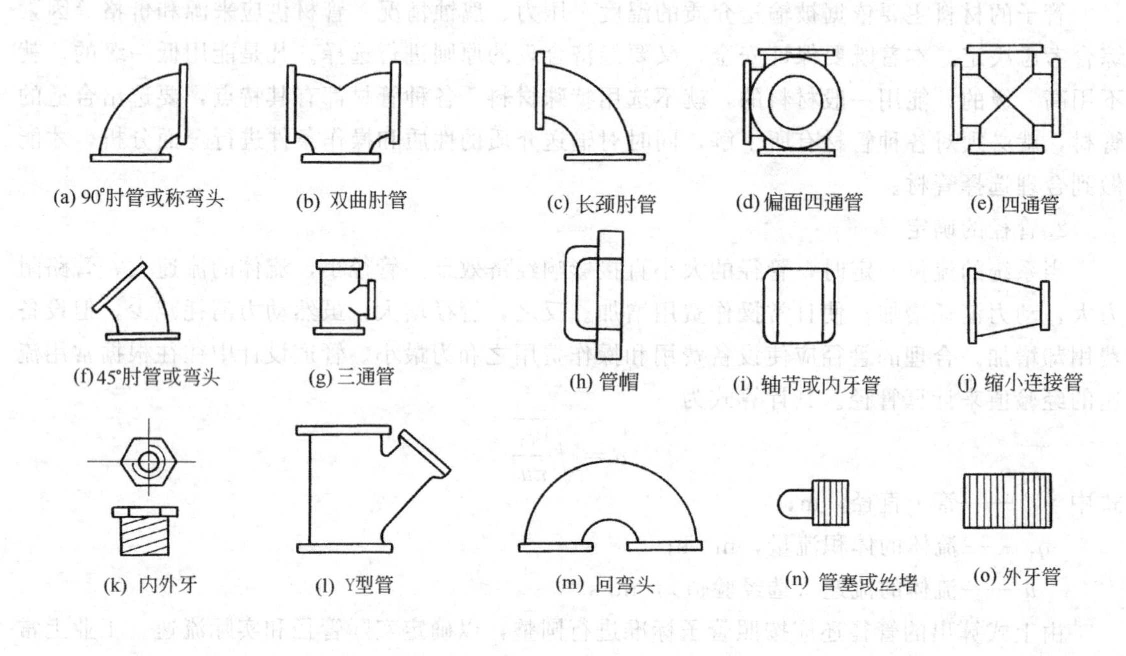

图 2-1　管件

除以上管件外，还有其他管件，此不详述。管件和管子一样也已标准化，选用时必须与管子的标准一致。

二、阀门

阀门是控制调节流量的装置，其种类繁多，部分阀门的结构参见图 2-2。

（1）旋塞阀　也称考克，它是利用旋转阀体内带孔的锥形旋塞来控制阀的启闭。旋转 90°后是全开的位置。旋塞结构简单，开关迅速，流体阻力小，可用于有悬浮物的液体，但不适用于高温、高压和大直径的管路中。

（2）闸阀　也称闸门阀或闸板阀。阀体内有一闸板与介质流向垂直，利用阀杆带动闸板的升降控制阀的启闭。闸阀密封性好，流体阻力小，有一定的调节流量性能，适于制成大口径阀门。常用于油品、蒸汽、压缩空气、煤气、水等介质的管路中。不适用于输送含有晶体

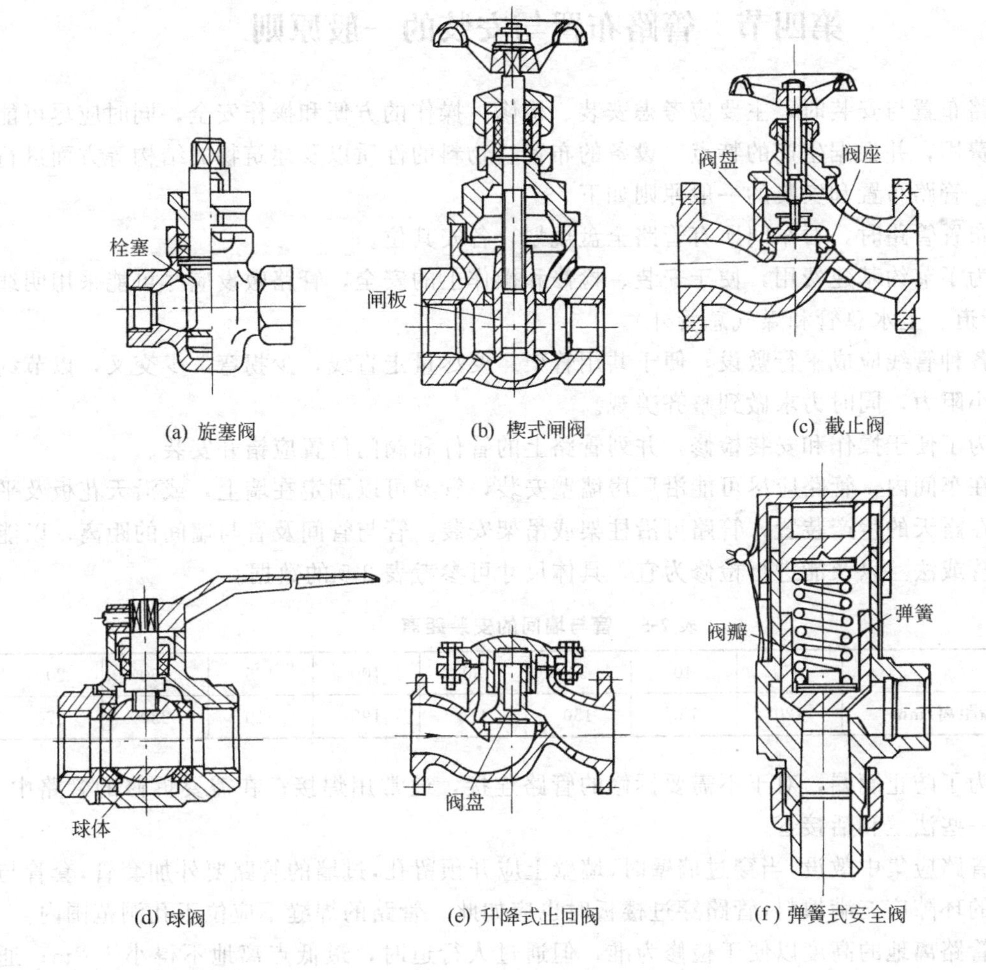

图 2-2 部分阀门的结构简图

和悬浮物的液体管路中。

(3) 截止阀 又称球心阀，是利用阀杆带动阀盘升降，改变阀盘与阀座之间的距离，以开关管路和调节流量。截止阀的结构比闸阀简单，易于调节流量，但阻力较大。常用于蒸汽、压缩空气、给水等清洁介质的管路中，不适用于粘度较大和带有固体颗粒的介质。

在安装截止阀时，应使流体从阀盘的下部向上流动，目的是减小流体阻力，使开启省力和在关闭状态下阀杆、填料函部分不与介质接触，保证阀杆和填料函不致损坏和泄漏。

(4) 球阀 球阀是利用一个中间开孔的球体作阀心，靠旋转球体来控制阀的启闭。球阀结构简单，体积小，零件少，重量轻，操作简便，启闭迅速，流体阻力小，密封性好，在自来水、蒸汽、压缩空气、真空及各种物料管路中普遍应用。由于密封材料的限制，目前还不宜用在高温介质中，也不宜用在需准确调节流量的场合。

(5) 止回阀 也称单向阀。防止流体反向流动。一般适用于清洁介质，不适用于含固体颗粒和粘度较大的介质，否则止回阀开启不灵敏，关闭时密封不可靠。

(6) 安全阀 是一种用来防止系统中的压力超过规定指标的装置。当压力超过规定值时，阀门可自动开启泄压，当压力恢复正常后阀门又自动关闭。

第四节　管路布置与安装的一般原则

在管路布置与安装时，主要应考虑安装、检修、操作的方便和操作安全，同时应尽可能减少基建费用，并根据生产的特点、设备的布置、物料的性质以及建筑物的结构等方面进行综合考虑。管路布置和安装的一般原则如下。

（1）布置管路时，对车间所有管路全盘规划，各安其位。

（2）为了节约基建费用，便于安装、检修和操作上的安全，管路敷设应尽可能采用明线（除下水管道、上水总管和煤气总管外）。

（3）各种管线应成平行敷设，便于共用管架；要尽量走直线，少拐弯，少交叉，以节约管材，减小阻力，同时力求做到整齐美观。

（4）为了便于操作和安装检修，并列管路上的管件和阀门位置应错开安装。

（5）在车间内，管路应尽可能沿厂房墙壁安装，管架可以固定在墙上，或沿天花板及平台安装；在露天的生产装置，管路可沿柱架或吊架安装。管与管间及管与墙间的距离，以能容纳活接管或法兰以及能进行检修为宜，具体尺寸可参考表 2-5 的数据。

表 2-5　管与墙间的安装距离

管径/mm	25	40	50	80	100	125	150	200
管中心离墙距离/mm	120	150	150	170	190	210	230	270

（6）为了防止滴漏，对于不需要拆修的管路连接，通常用焊接；在需要拆修的管路中，适当配置一些法兰和活接管。

（7）管路应集中敷设，当穿过墙壁时，墙壁上应开预留孔，过墙的管路要外加套管，套管与管子之间的环隙应充满填料，管路穿过楼板时也应如此。管路的焊缝不应位于孔洞范围内。

（8）管路离地的高度以便于检修为准，但通过人行道时，最低点离地不得小于 2m；通过公路时，不得小于 4.5m；与铁轨面净距不得小于 6m；通过工厂主要交通干线，不得小于 5m。

（9）管路敷设应有一定的坡度，对气体和易流动的液体为 3/1000～5/1000，对含有固体结晶或粘度较大的物料为 1/100 或大于 1/100。

（10）长管路要有支承，以免管路弯曲存液及受振动，管路支承间距取决于管路自身的强度、刚度以及所要求的敷设坡度等。应按设计规范或计算确定。

（11）一般上下水管适宜埋地敷设，埋地管路的深度应在冰冻线以下。

（12）蒸汽管路及温度变化较大的管路应采取热补偿措施。有凝液的管路应设置凝液排除装置。

（13）输送易燃、易爆（如醇类、醚类、液体烃类等）物料时，因为它们在管路中流动而产生静电，使管路变为导电体。为防止这种静电积聚，必须将管路可靠接地。

（14）输送腐蚀性流体管路的阀件、法兰等，不得位于通道上空，以免发生泄漏影响安全。

（15）平行管路的排列应考虑管路互相的影响。在垂直排列时，热介质管路在上，冷介质管路在下，这样，可减少热管对冷管的影响；高压管路在上，低压管路在下；无腐蚀性介质在上，有腐蚀性介质在下，以免腐蚀性介质滴漏时影响其他管路。在平行排列时，低压管路在外，高压管路靠近墙柱；检修频繁的在外，不常检修的靠墙柱；重量大的要靠管架支柱或墙。

(16) 管路安装完毕后，应按规定进行强度和严密性试验。未经试验合格，焊缝及连接处不得涂漆及保温。管路在开工前必须用压缩空气或惰性气体进行吹扫。

以上所列各条只是一般原则，在某些方面还有更具体的要求，实际工作中可查有关资料。另外，在管路布置与安装时，还应根据具体情况，综合考虑各方面的因素，进行相互比较，才能得出合理的方案。

第五节 典型化工设备的管路布置

一、泵的管路布置

泵的管路布置总的原则是保证良好的吸入条件与方便检修。

(1) 为增加泵的允许吸上高度，泵的吸入管路应尽量短而直，减少阻力，吸入管路的直径不应小于泵吸入口直径。

(2) 离心泵的吸入管路要避免“气袋”，否则一旦气体吸入泵内，会导致“气缚”事故，使泵吸不上液体。吸入管上也要防止产生积液，必要时要装排液阀。在图 2-3 (a) ～ (e) 的几种方法中，右图的画法是正确的。

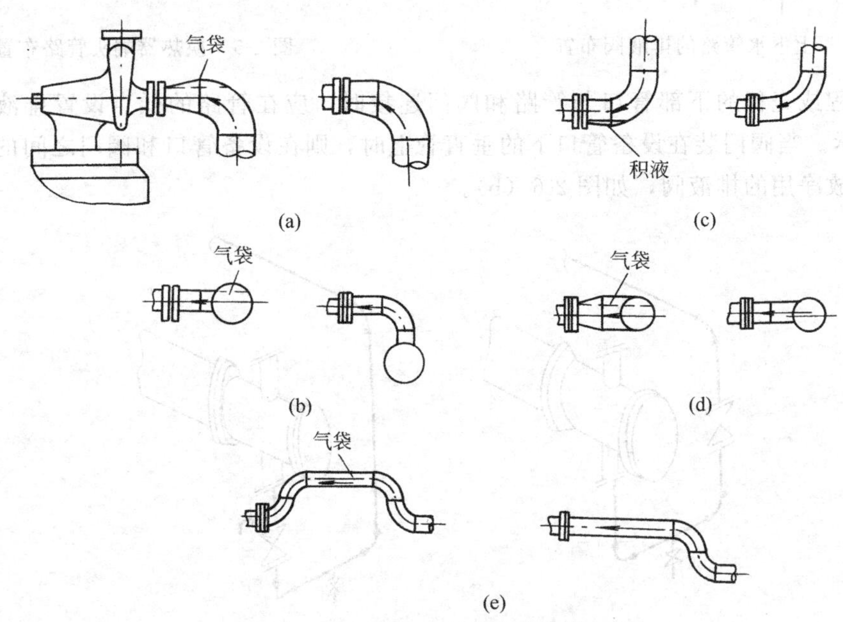

图 2-3 离心泵入口弯管和异径管布置

(3) 在泵的上方不布置管路有利于泵的检修，吸入管的布置要考虑不妨碍叶轮的拆装。

二、换热器的管路布置

以管壳式换热器为例。换热器的管路布置应根据换热设备的结构特点、工艺操作和维修要求进行配置。

(1) 换热器管路布置应方便操作和不妨碍设备的检修，并为此创造必要的条件。管路布置要留出拆卸管箱、管束及壳体盖的空间，不应妨碍设备的法兰和阀门自身法兰的拆卸或安装。在平行于换热设备的上方，不得布置管路，也不得将管路支架固定在换热器的壳体上。

（2）与换热设备相接的易凝介质的管路，其切断阀应设在水平管上，并应防止形成死角积液。

（3）在换热设备的进出管路上，各种测量仪表，如温度计、压力表、孔板、变送器等，应设置在靠近操作通道及易于观测和检修的地方。

（4）在寒冷地区室外的水冷却器的上下水管路上，应设置排液阀和防冻连通管，以便在停车或检修时，将设备和管内的存水排净，以免冻裂设备，如图 2-4 所示。

（5）与换热器端头管口连接的管路，应考虑能将管路拆除，以便设备的检修，如图 2-5 所示。

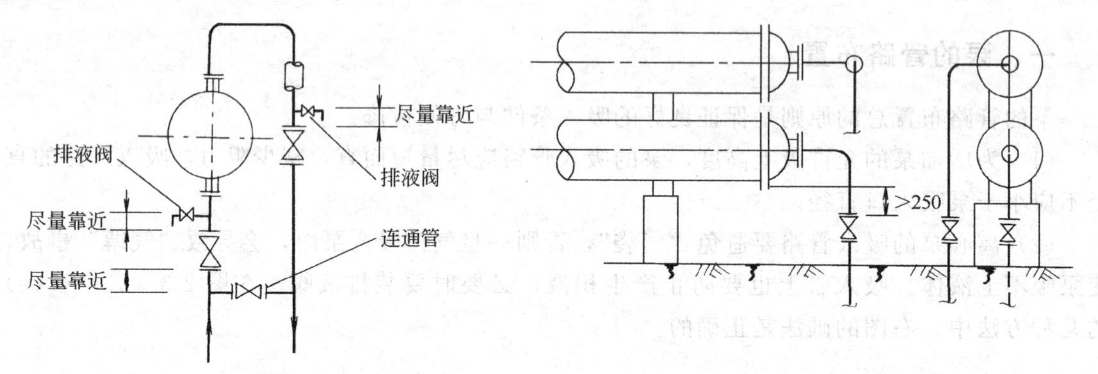

图 2-4　上下水管路的排液阀布置　　图 2-5　换热器端头管路布置

（6）管程或壳程的下部管口与管路和阀门连接时，应在管路的低点设置排液阀，如图 2-6（a）所示。当阀门装在设备管口下的垂直管上时，则在设备管口和阀门之间的管上还应设置供设备放净用的排液阀，如图 2-6（b）。

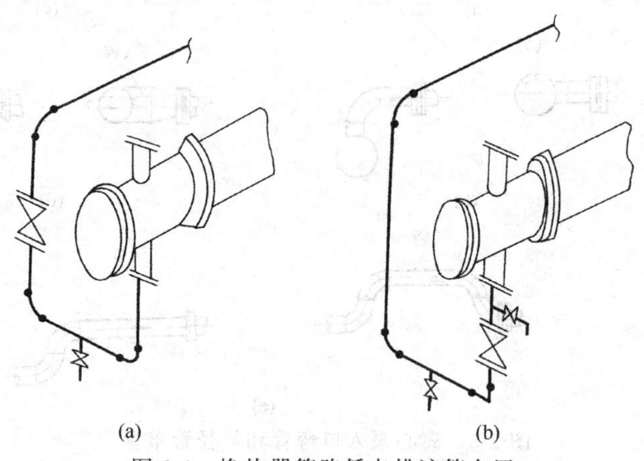

图 2-6　换热器管路低点排液管布置

（7）换热器的接管应有合适的支架，不要让管路重量都压在换热器管口上。

三、容器的管路布置

（1）立式容器（或反应器）一般成排布置，因此，把操作相同的管路一起布置在相应容器的相应位置，可避免操作有误，因而也比较安全。例如，两个容器时，管口对称布置，三个以上时使管口位置相同。视镜布置在容器的进出口附近，高度要便于观察。当容器内有搅拌装置时，管路不能妨碍其拆装和维修。

(2) 距离较近的两个设备间不能直线连接，应采用 45°或 90°弯接，如图 2-7 (a) 所示。

(3) 进料管敷设在设备前部，适用于能站在地面上操作的设备，如图 2-7 (b)。

(4) 排出管沿墙敷设，离墙距离可以小一些，以节省占地面积，设备间距要大一些，以便能进入操作，如图 2-7 (c)。

(5) 排出管在设备前引出，设备间距和设备离墙的距离都可小一些，排出管通过阀门后一般立即引至地下，使管路走地沟或埋地敷设，如图 2-7 (d)。

(6) 排出管在设备底部中心引出，适用于设备底部离地面较高和直径不大的设备，否则开启阀门不方便。这样敷设管路短，占地面积小，布置紧凑，如图 2-7 (e)。

(7) 进料管对称布置，适用于需安置操作台，启闭阀门的设备，如图 2-7 (f)。

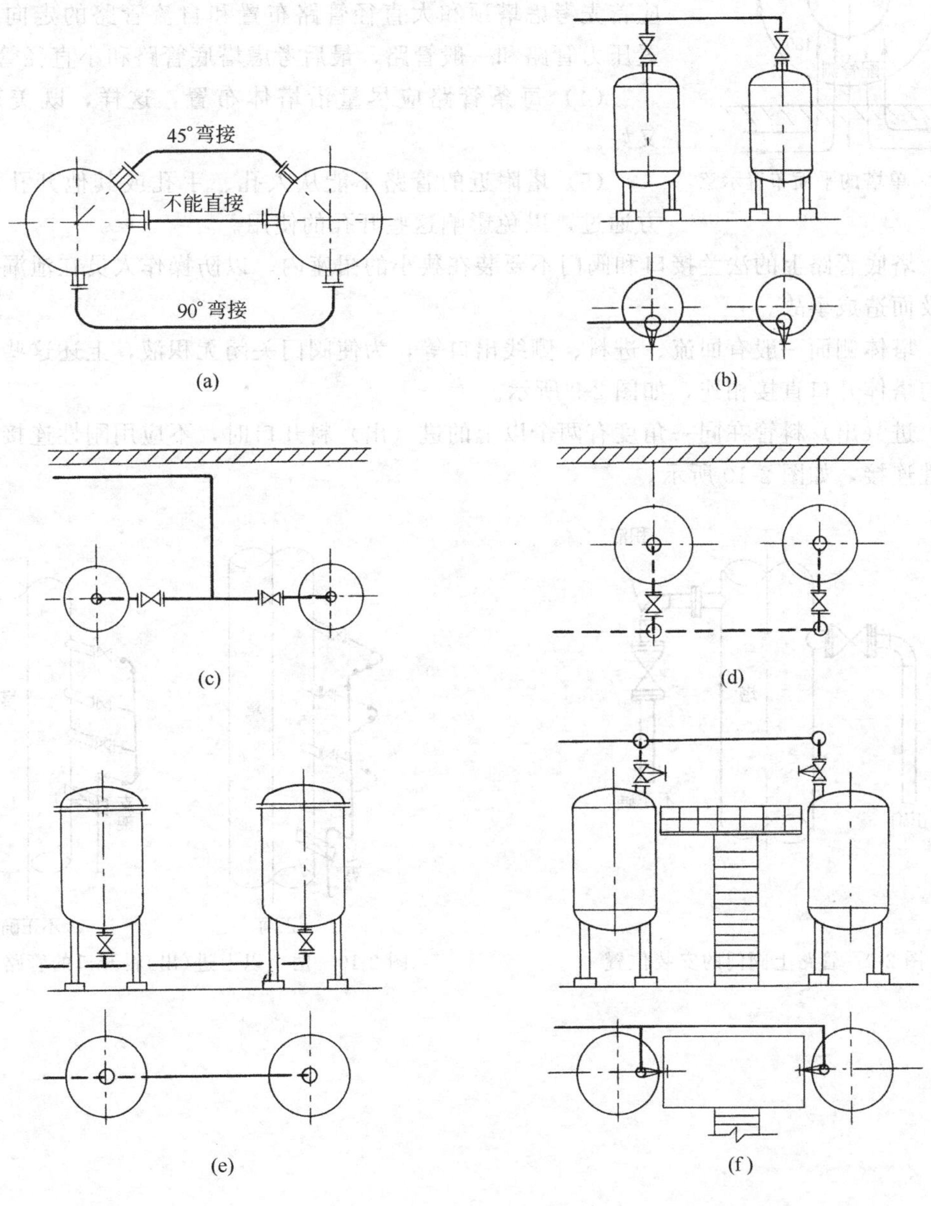

图 2-7 立式容器的管路布置

(8) 卧式容器的进出料口位置分别在两端，一般进料口在顶部，出料口在底部。

四、塔的管路布置

(1) 塔周围原则上分操作侧（或维修侧）和配管侧，如图 2-8 所示。操作侧主要有臂吊、人孔、梯子、平台；配管侧主要敷设管路用，不设平台。平台是作为人孔、液面计、阀门等操作用。

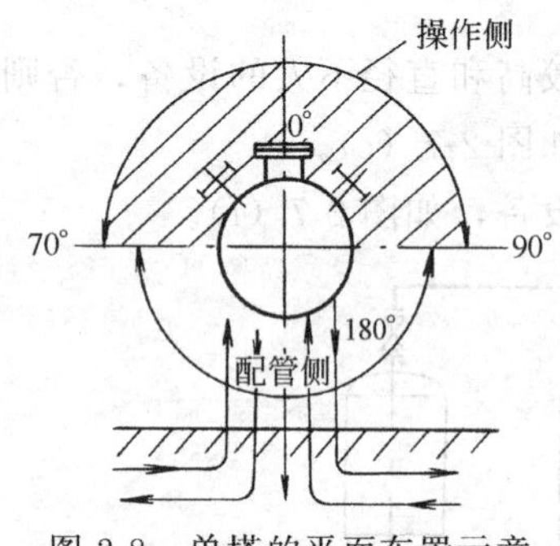

图 2-8 单塔的平面布置示意

(2) 进料、回流、出料等管口方位由塔内结构以及与塔有关的泵、冷凝器、回流罐、再沸器等设备的位置决定。

(3) 塔的管路一般可分为塔顶管路、塔体侧面管路和塔底管路。管路布置应从塔顶到塔底自上而下进行规划，并且应首先考虑塔顶和大直径管路布置和自流管路的走向，再布置压力管路和一般管路，最后考虑塔底管路和小直径管路。

(4) 每条管路应尽量沿塔体布置，这样，既美观效果又好。

(5) 塔附近的管路不能从人孔、手孔或其他开孔的正前方通过，以免影响这些开孔的使用。

(6) 塔底管路上的法兰接口和阀门不要装在狭小的裙座内，以防操作人员在泄漏物料时躲闪不及而造成事故。

(7) 塔体侧面一般有回流、进料、侧线出口等，为使阀门关闭无积液，上述这些管路的阀门宜与塔体开口直接相连，如图 2-9 所示。

(8) 进（出）料管在同一角度有两个以上的进（出）料开口时，不应用刚性连接，而应采用柔性连接，如图 2-10 所示。

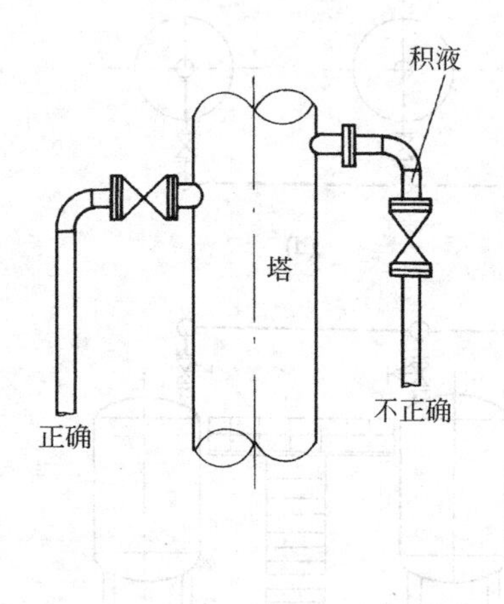

图 2-9 管路上阀门的安装位置

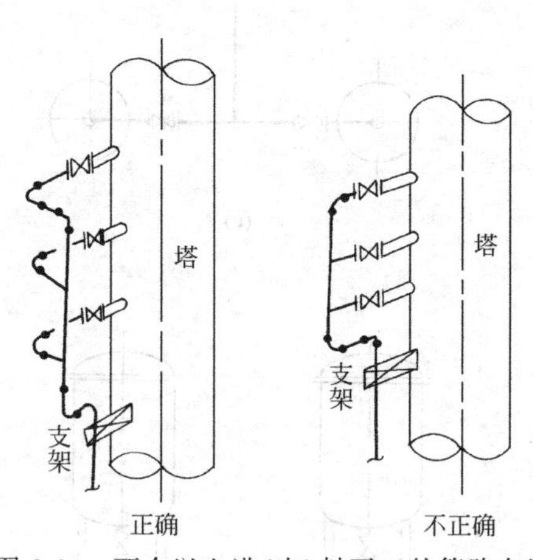

图 2-10 两个以上进(出)料开口的管路布置

第三章　列管式换热器设计

第一节　概　　述

一、换热器的类型

在化工生产过程中，换热器应用十分广泛，它是完成各种不同换热过程的设备，如加热或冷却用的热交换器，蒸馏塔所用的再沸器和冷凝器，蒸发设备中的加热室等。由于生产中的换热目的不同，换热器的类型很多，特别是随着化工工艺的不断发展，新型换热器不断出现。虽然列管式换热器在传热效率、紧凑性和金属耗量等方面不及某些新型换热器，但它具有结构简单、坚固耐用、适应性强、制造材料广泛等独特优点，因而在换热设备中仍占有重要的地位。特别是在高温、高压和大型换热设备中仍占绝对优势。

列管式换热器按温差补偿结构来分主要有以下几种类型。

1. 固定管板式换热器

如图 3-1（a）所示，这种换热器两端的管板分别焊接在外壳上，具有结构简单，适应性强，造价低等优点。其缺点是管外清洗困难，管壳间存在温差应力，适用于管束和壳体间温差较小，壳程流体不易结垢的场合。当管束与壳体温差大于 50℃时，为减小温差应力，可在壳体上设置膨胀节（补偿圈）。

2. 浮头式换热器

如图 3-1（b）所示，这类换热器一端管板用法兰与壳体固定，另一端管板可在壳体内自由伸缩。这种形式的优点是，管束可以从壳体中抽出，便于清洗管间，管束的膨胀不受壳体的约束，因而壳体与管束之间不会产生温差应力。其缺点是构造复杂，造价高。适用于管束与壳体温差较大、压力较高或壳程流体易结垢的场合。

3. U 形管式换热器

如图 3-1（c）所示，将管子弯成 U 形，管子两端固定在同一管板上。管束与壳体分开，管子可以自由伸缩，能完全消除热应力。U 形管换热器结构简单，管束可以从壳体内抽出，管外便于清洗，但管内清洗困难，所以管内必须是清洁和不易结垢的流体。因弯管时，必须保持一定的弯曲半径，所以管束中心存在较大的空隙，流体易走短路，影响传热效果，而且管板上排管数较少，结构不紧凑。

4. 填料函式换热器

如图 3-1（d）所示，这种换热器的浮头部分与壳体采用填料函密封。它具有浮头式换热器的优点，又克服了固定管板式换热器的缺点，结构比浮头式换热器简单，制造方便，易于检修清洗。常用于一些腐蚀严重，需要经常更换管束的场合。但由于填料密封处有外漏的可能，故壳程中流体压力不能过高，也不应是易燃、易爆或有毒的流体，由于填料密封性能的限制，目前只用于直径为 700mm 以下的换热器，大直径填料函式换热器很少采用，尤其是在操作压力和温度较高的条件下就更少采用。

图 3-1 常见列管式换热器结构

图中符号 AES、BES、BEM、BIU、AFP 为管壳式换热器的主要组合部件前端管箱、

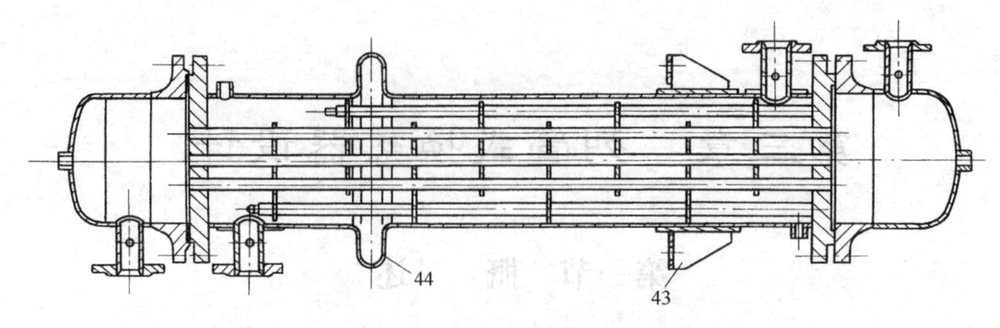

(a) BEM 立式固定管板式换热器

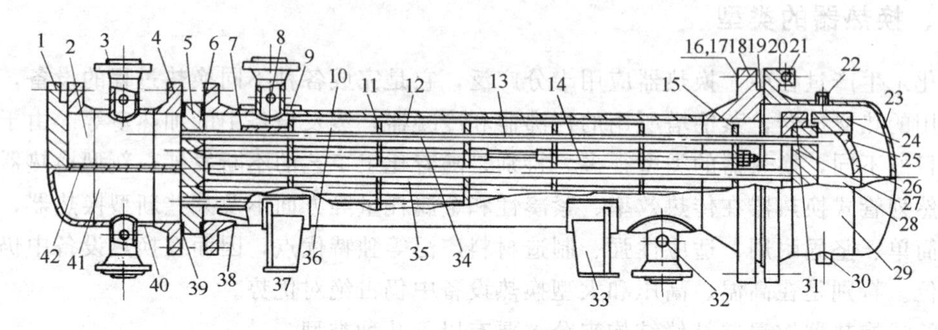

(b) AES、BES浮头式换热器

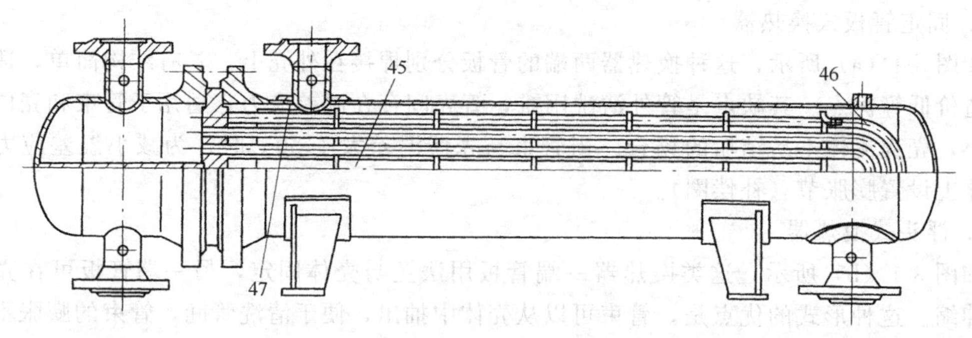

(c) BIU U形管式换热器

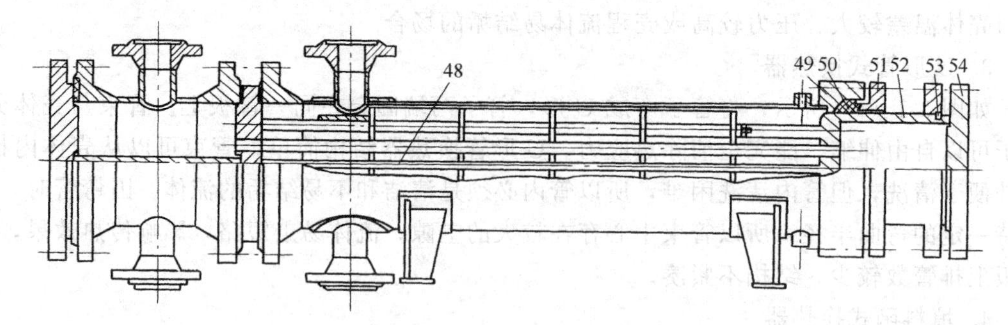

(d) AFP 填料函式双壳程换热器

图 3-1 常见列管式换热器结构

图中符号 AES、BES、BEM、BIU、AFP 为管壳式换热器的主要组合部件前端管箱、
壳体和后端结构的型式代号，参见附录

上述四种换热器的零部件名称见表 3-1，表中序号即为图中所标序号。

表 3-1 零部件名称

序号	名　称	序号	名　称	序号	名　称
1	平盖	19	外头盖侧法兰	37	固定鞍座（部件）
2	平盖管箱（部件）	20	外头盖法兰	38	滑道
3	接管法兰	21	吊耳	39	管箱垫片
4	管箱法兰	22	放气口	40	管箱短节
5	固定管板	23	椭圆形封头	41	封头管箱（部件）
6	壳体法兰	24	浮头法兰	42	分程隔板
7	防冲挡板	25	浮头垫片	43	悬挂式支座（部件）
8	仪表接口	26	无折边球形封头	44	膨胀节（部件）
9	补强圈	27	浮头管板	45	中间挡板
10	壳体（部件）	28	浮头盖（部件）	46	U形换热管
11	折流板	29	外头盖（部件）	47	内导流筒
12	旁路挡板	30	排液口	48	纵向隔板
13	拉杆	31	钩圈	49	填料
14	定距管	32	接管	50	填料函
15	支持板	33	活动鞍座（部件）	51	填料压盖
16	双头螺柱或螺栓	34	换热管	52	浮动管板裙
17	螺母	35	挡管	53	剖分剪切环
18	外头盖垫片	36	管束（部件）	54	活套法兰

二、换热器设计的基本要求

根据换热目的不同，换热器的类型很多，但完善的换热器在设计时应满足以下基本要求：

① 满足工艺上规定的换热条件；

② 结构上安全可靠；

③ 制造、安装、操作和检修方便；

④ 经济上合理。

第二节 列管式换热器设计

一、设计方案的确定

确定设计方案的原则是：满足工艺和操作上的要求；确保生产安全；尽可能节省操作费用和设备费用。主要包括以下几个方面。

1. 换热器型式的选择

选择换热器的型式应根据操作温度、操作压力，冷、热两流体的温度差，腐蚀性、结垢情况和检修清洗等因素进行综合考虑。例如，两流体的温度差较小，又较清洁，不需经常检修，可选结构较简单的固定管板式换热器。否则，可考虑选择浮头式换热器。从经济角度看，只要工艺条件允许，一般优先选用固定管板式换热器。

2. 流体流入空间的选择

在列管式换热器设计中，哪一种流体走管程，哪一种流体走壳程，需要合理安排，一般考虑以下原则。

(1) 不清洁或易结垢的流体宜走便于清洗的侧，如对固定管板式换热器宜走管程；对U形管式换热器宜走壳程。

(2) 腐蚀性流体宜走管程，以免壳体和管子同时受到腐蚀。

(3) 压力高的流体宜走管程，因管子直径较小，承压能力强，也避免采用耐压的壳体。

(4) 需要提高流速以增大其传热膜系数的流体宜走管程，因管程流通截面积一般较小，且易于采用多程结构以提高流速。

(5) 与周围环境温度相差较大的流体宜走管程，可减少热量（或冷量）的损失。

(6) 饱和蒸汽宜走壳程，便于排除冷凝水。

(7) 若两流体的温差较大，对于刚性结构的换热器，传热膜系数大的流体宜走壳程，因壁温接近于传热膜系数大的流体温度，以减小管壁与壳壁的温差，减小温差应力。

(8) 粘度大的流体宜走壳程，因流体在有折流挡板的壳程流动时，其流速和流向不断变化，在较低的雷诺数（$Re>100$）下，即可达到湍流，可提高传热效果。

上述原则有时互相矛盾，在实际选择时往往不能同时满足，应抓住主要矛盾，视具体情况而定。

3. 流向的选择

流向有并流、逆流、错流和折流四种基本类型。在流体的进、出口温度相同的情况下，逆流的平均温度差大于其他流向的平均温度差，所以，若工艺上无特殊要求，一般采用逆流操作。但在换热器设计中有时为了有效地增加传热系数或使换热器结构合理，也常采用多程结构，这时采用折流将比采用逆流更为有利。

4. 流体流速的选择

流速的大小影响到传热系数、流体阻力及换热器结构等方面。增加流速，可加大传热膜系数，减少污垢的形成，使传热系数增大。但流速增加，流体阻力增大，使动力消耗增加。另外，选择高的流速使管子数目减少，对一定的传热面积，不得不采用较长的管子或增加程数。管子太长不易清洗，单程变为多程会使平均温度差下降。因此，适宜的流速应权衡各方面因素进行选择。选择流速时，应尽可能避免在层流下流动。

表3-2～表3-4列出了常用流速的范围，供设计时参考。

表3-2 列管式换热器中常用流速范围

流体的种类		一般液体	易结垢流体	气　体
流速/(m/s)	管程	0.5～3	＞1	5～30
	壳程	0.2～1.5	＞0.5	3～15

表3-3 列管式换热器中不同粘度液体的最大流速

液体粘度/mPa·s	＞1500	1500～500	500～100	100～35	35～1	＜1
最大流速/(m/s)	0.6	0.75	1.1	1.5	1.8	2.4

表3-4 列管式换热器中易燃、易爆液体的安全允许流速

液体名称	乙醚、苯、二硫化碳	甲醇、乙醇、汽油	丙酮
安全允许速度/(m/s)	＜1	＜2～3	＜10

5. 加热剂、冷却剂的选用

加热剂或冷却剂的选用将涉及投资费用，所以选择合适的加热剂或冷却剂是设计中的一个重要问题。在选择加热剂或冷却剂时应考虑以下几条原则：

（1）能满足工艺上要求达到的温度；

（2）温度易于调节、比热容或潜热大；

（3）饱和蒸汽压小，使用过程中不会分解；

（4）毒性小，不易燃易爆，对设备腐蚀性小；

（5）来源充分，价格便宜。

工业上采用的载热体及其适用范围列于表 3-5，供选用时参考。

表 3-5　载热体的种类及适用范围

载热体名称		温度范围/℃	优　点	缺　点
加热剂	热水	40～100	可利用工业废水和冷凝水废热作为回收	只能用于低温，传热情况不好，本身易冷却，温度不易调节
	饱和蒸汽	100～180	易于调节，冷凝潜热大，热利用率高	温度升高，压力也高，设备有困难。180℃时对应的压力为 10MPa
高温载热体	联苯混合物	液体：15～255 蒸气：255～380	加热均匀，热稳定性好，温度范围宽，易于调节，高温时的蒸气压很低，热焓值与水蒸气接近，对普通金属不腐蚀	价昂，易渗透软性石棉填料，蒸气易燃烧，但不爆炸，会刺激人的鼻粘膜
	水银蒸气	400～800	热稳定性好，沸点高，加热温度范围大，蒸气压低	剧毒，设备操作困难
	氯化铝-溴化铝共熔混合物蒸气	200～300	500℃以下，混合物蒸气是热稳定的，不含空气时对黑色金属无腐蚀，不燃烧，不爆炸，无毒，价廉，来源较方便	蒸气压较大，300℃为 1.22MPa
	矿物油	≤250	不需高压加热，温度较高	粘度大，传热系数小，热稳定性差，超过 250℃时易分解，易着火，调节困难
	甘油	200～250	无毒，不爆炸，价廉，来源方便，加热均匀	极易吸水，且吸水后沸点急剧下降
	四氯联苯	100～300	400℃以下有较好的热稳定性，蒸气压低，对铁、钢、不锈钢、青铜等均不腐蚀	蒸气可使人体肝脏发生疾病
	熔盐	142～530	常压下温度高	比热容小
	烟道气	≥1000	温度高	传热差，比热容小，易局部过热
	电热法	可达 3000	温度范围大，可得特高温度，易调节	成本高

续表

载热体名称		温度范围/℃	优 点	缺 点
冷却剂	水	0～80	价廉，来源方便	
	空气	>30	价廉，在缺水地区尤为适宜	
	盐水	−15～0	用于低温冷却	
	氨蒸气	<−15	用于冷冻工业	

6. 流体进、出口温度的确定

在换热器设计中，被处理物料的进、出口温度是工艺条件所规定的，加热介质或冷却介质的进口温度一般由来源确定，但它的出口温度则需设计者确定。例如，冷却介质出口温度越高，其用量就越少，回收能量的价值也越高，同时，输送冷却介质的动力消耗即操作费用也减少。但是，冷却介质出口温度越高，传热过程的平均温度差越小，设备投资费用必然增加。因此，流体出口温度的确定是一个经济上的权衡问题。一般经验要求传热平均温度差不宜小于10℃。若换热的目的是加热冷流体，可按同样的原则确定加热介质的出口温度。

若用水作冷却剂，设计时一般取冷却水进、出口的温升为5～10℃。缺水地区选用较大的温升，水源丰富的地区可选用较小的温升。

另外，水的出口温度不宜过高，否则结垢严重。为阻止垢层的形成，常在冷却水中添加阻垢剂和水质稳定剂。即使如此，工业冷却水的出口温度也常控制在45℃以内。否则，冷却水必须进行预处理，以除去水中所含的盐类。

二、初算传热面积

1. 换热器热负荷的计算

在换热器的设计计算中，首先需要确定换热器的热负荷。当换热器保温良好，热损失可以忽略不计时，热负荷可按热流体放出的热量或冷流体吸收的热量计算。常用的计算式为

无相变时

$$Q=q_{m1}c_{p1}(T_1-T_2) \tag{3-1}$$

$$Q=q_{m2}c_{p2}(t_2-t_1) \tag{3-1a}$$

有相变时

$$Q=q_{m1}r_1 \tag{3-2}$$

$$Q=q_{m2}r_2 \tag{3-2a}$$

式中 Q ——单位时间内的传热量(热负荷),J/s 或 W；

q_{m1}、q_{m2} ——热、冷流体的质量流量,kg/s；

c_{p1}、c_{p2} ——热、冷流体的定压比热容,J/(kg・℃)；

T_1、T_2 ——热流体的进、出口温度,K 或℃；

t_1、t_2 ——冷流体的进、出口温度,K 或℃；

r_1、r_2 ——热、冷流体的汽化潜热,J/kg。

当换热器的热损失较大，不可忽略时，热负荷的计算应考虑热损失的影响，以保证换热器设计的可靠性，使之满足生产要求。

关于换热器热损失的计算可参考有关资料。

2. 加热剂或冷却剂用量的计算

(1) 当间壁两侧流体均无相变化，热损失可以忽略时，冷却剂用量如下计算，根据热平

衡方程

$$q_{m1}c_{p1}(T_1-T_2)=q_{m2}c_{p2}(t_2-t_1)$$

所以

$$q_{m2}=\frac{q_{m1}c_{p1}(T_1-T_2)}{c_{p2}(t_2-t_1)} \tag{3-3}$$

(2) 当间壁一侧流体有相变，若用饱和蒸汽作加热剂，只利用潜热并忽略热损失时，加热剂用量计算如下。

$$q_{m1}r_1=q_{m2}c_{p2}(t_2-t_1)$$

所以

$$q_{m1}=\frac{q_{m2}c_{p2}(t_2-t_1)}{r_1} \tag{3-4}$$

3. 传热平均温度差的计算

(1) 两流体均无相变化时的并流或逆流和一侧流体有相变化时的平均温度差 Δt_m，用下式计算

$$\Delta t_m=\frac{\Delta t_1-\Delta t_2}{\ln\dfrac{\Delta t_1}{\Delta t_2}} \tag{3-5}$$

式中 Δt_1、Δt_2 ——换热器两端冷热流体间的温度差，K 或℃。

当 $\Delta t_1/\Delta t_2\leqslant 2$ 时，可近似采用算术平均值，即

$$\Delta t_m=\frac{\Delta t_1+\Delta t_2}{2} \tag{3-6}$$

算术平均温度差与对数平均温度差相比较，当 $\Delta t_1/\Delta t_2\leqslant 2$ 时，其误差≤4%。

设计时初算平均温度差，先按逆流进行计算，待确定了换热器结构之后，再进行校正。

在实际生产中纯粹的逆流和并流是不多见的。但对工程计算来说，如图 3-2 所示的流体经过管束的流动，只要曲折次数超过 4 次，即可作为纯逆流或纯并流处理。

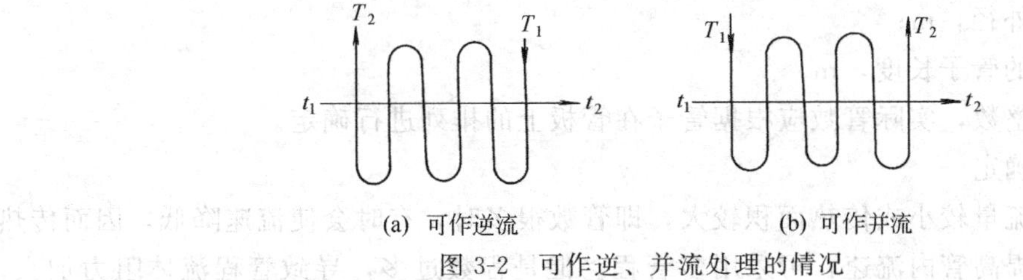

(a) 可作逆流　　(b) 可作并流

图 3-2　可作逆、并流处理的情况

(2) 错流或折流的平均温度差用下式计算

$$\Delta t_m=\varphi_{\Delta t}\Delta t_{m逆} \tag{3-7}$$

式中 $\Delta t_{m逆}$ ——按逆流计算的对数平均温度差，K 或℃；

$\varphi_{\Delta t}$ ——温差校正系数。

温差校正系数 $\varphi_{\Delta t}$ 可根据 P 和 R 两个参数从相应的算图中查取。

$$P=\frac{冷流体的温升}{两流体的初温差}=\frac{t_2-t_1}{T_1-t_1} \tag{3-8}$$

4. 传热系数的选取

初算传热面积时，可先根据冷、热流体的具体情况，参考换热器传热系数的大致范围选取一合适的传热系数 K 值作为计算的依据。传热系数的经验值参见附录五。

5. 初算传热面积

由前面计算的热负荷 Q、初算的平均温度差 Δt_m 和选取的传热系数 K 值，可根据下式初步确定所需的传热面积

$$A=\frac{Q}{K\Delta t_m} \tag{3-9}$$

考虑到估算性质的影响，常取传热面积为计算值的 1.15～1.25 倍。

三、列管换热器结构设计

1. 换热管规格的选择

换热器中最常用的管子有 ϕ19mm×2mm 和 ϕ25mm×2.5mm 两种规格。小直径的管子可以承受更大的压力，而且管壁较薄；同时，对于相同的壳径，可排列较多的管子，因此单位体积的传热面积更大，单位传热面积的金属耗量更少。所以，当管程流体较清洁以及允许的压力降较高时，采用 ϕ19mm×2mm 的管子更为合理，如果管程走的是易结垢的流体，则应用较大直径的管子，有时采用 ϕ38mm×2.5mm 或更大直径的管子。

管长的选择是以清洗方便和合理使用管材为原则。中国生产的钢管长度多为 6m、9m，故系列标准中管长有 1.5、2、3、4.5、6 和 9m 六种，其中以 3m 和 6m 更为普遍。另外，管长的选择还要使换热器有适宜的长径比，一般为 6～10，对立式换热器，以 4～6 为宜。当设计好一个换热器后，应检验一下长径比是否合理。

2. 总管数、管程数、壳程数的确定

（1）总管数的确定

选定了管径和管长后，可根据估算的传热面积计算单程时的管数 n。

$$n=\frac{A}{\pi d_0 l} \tag{3-10}$$

式中　A ——估算的传热面积（要考虑安全系数），m^2；

d_0 ——管子外径，m；

l ——选取的管子长度，m。

管数必须取为整数，实际管数应根据管子在管板上的排列进行确定。

（2）管程数的确定

当管程流体的流量较小或传热面积较大，即管数很多时，有时会使流速降低，因而传热膜系数较小，为了提高管内流速，可采用多管程。但是程数过多，导致管程流体阻力加大，增加动力费用；同时多程会使平均温度差下降；此外，分程隔板使管板上可利用的面积减小。设计时应考虑这些问题。

管程数 m 按下式计算

$$m=\frac{u'}{u} \tag{3-11}$$

式中　u'——选取的管内流体的适宜流速，m/s；

u ——按单管程计算的流速，m/s。

u 按下式计算

$$u=\frac{4q_V}{\pi d_i^2 n} \tag{3-12}$$

式中　q_V ——管程流体的体积流量，m^3/s；

n——单程管数；

d_i——管内径，m。

采用多管程时，可在管箱中安装与管子中心线相平行的分程隔板，一般应使每程的管数大致相等。从程数的布置可以看到，当管程数是偶数时，管内流体的进、出口在同一封头上，程数为奇数时，进、出口分别在两端的封头上。就制造、检修、安装和清洗等方面来说，偶数程只要卸去一端封头即可，所以一般都采用偶数多程，常用的有 2、4、6 程，其布置方案如图 3-3 所示。

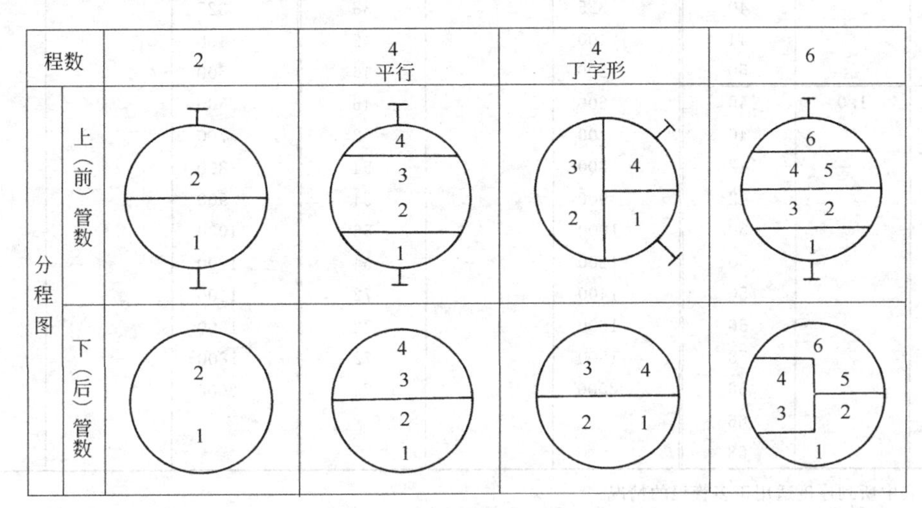

图 3-3　管程分程布置方案

（3）壳程数的确定

当壳程流体的流速太低或温差校正系数小于 0.8 时，可采用壳方多程，壳方多程可通过安装与管束平行的隔板来实现，流体在壳内流经的次数称壳程数。但由于纵向隔板在制造、安装和检修方面都很困难，故一般不宜采用。常用的方法是将几个换热器串联使用，以代替壳方多程。例如，当需二壳程时，可将总管数分为两部分，分别装在两个内径相等，但直径较小的两个壳体中，然后把两个换热器的壳程串联起来，就相当于两壳程，如图 3-4 所示。

3. 管板

管板用来固定换热管并起着分离管程、壳程的作用。管板受力情况相当复杂，计算管板厚度的方法很多，计算过程也较复杂。

换热管与管板胀接时，管板的最小厚度 δ_{min}（不包括腐蚀裕量）按如下规定：

（1）用于易燃、易爆及有毒介质等严格场合时，管板的最小厚度不应小于换热管的外径 d_o。

（2）用于一般场合时，管板的最小厚度应符合如下要求：

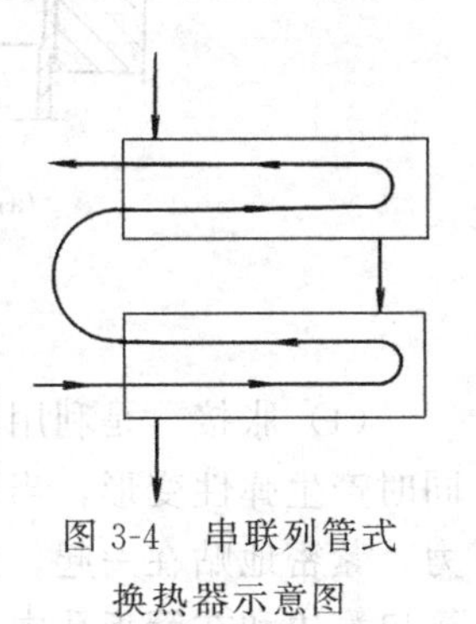

图 3-4　串联列管式换热器示意图

$d_o \leqslant 25mm$ 时　　$\delta_{min} \geqslant 0.75d_o$

$25mm < d_o < 50mm$ 时　　$\delta_{min} \geqslant 0.70d_o$

$d_o \geqslant 50mm$ 时　　$\delta_{min} \geqslant 0.65d_o$

换热管与管板采用焊接连接时，管板的最小厚度应满足结构设计和制造的要求，且不小于 12mm。

常用的兼作法兰固定管板式换热器的管板厚度列于表3-6，供设计时参考。

表3-6 固定管板式换热器管板厚度

公称直径/mm	公称压力/MPa	管板厚度/mm	公称直径/mm	公称压力/MPa	管板厚度/mm	公称直径/mm	公称压力/MPa	管板厚度/mm
800	0.6	32	159	1.6	30	159	2.5	32
1000		36	219		32	219		34
1200		40	273		36	273		40
1400		40	325		38	325		42
1600		44	400		42	400		46
1800		50	500		46	500		48
400	1.0	40	600		46	600		56
500		40	700		52	700		58
600		42	800		54	800		58
700		42	900		54	900		64
800		50	1000		56	1000		66
900		50	1200		64	1200		74
1000		50	1400		72	1400		82
1200		56	1600		72	1600		86
1400		58	1800		72	1800		92
1600		66	2000		74	2000		94
1800		66						
2000		68						

注：1. 表中所列厚度适用于多管程的情况。

2. 当壳程与管程的设计压力不相同时，按压力高的选取管板厚度。

4. 管子与管板的连接

管子与管板的连接形式主要有胀接、焊接和胀焊结合三种。如图3-5所示。

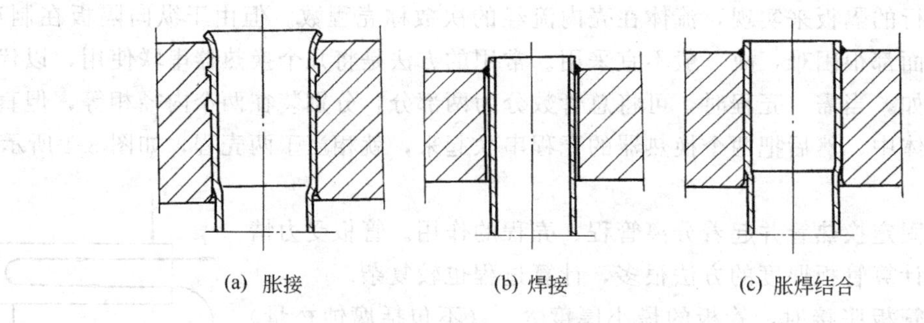

(a) 胀接　　(b) 焊接　　(c) 胀焊结合

图3-5　管子与管板的连接形式

（1）胀接　是利用胀管器挤压伸入管板孔中的管子端部，使管端发生塑性变形，管板孔同时产生弹性变形，当取出胀管器后，管板孔弹性收缩，管板与管子间就产生一定的挤压力，紧密地贴在一起，达到密封与紧固连接的目的。为了提高抗拉脱力和增强密封性，可将管口翻边和在管板孔中开环型小槽，当胀管后，管子发生塑性变形，管壁被嵌入槽内，所以介质不易外漏。胀接一般用在换热管为碳素钢，管板为碳素钢或低合金钢，设计压力不超过4MPa，设计温度在300℃以下，操作中无剧烈振动、无过大温度变化及无严重应力腐蚀的场合。

随着制造技术的发展，近年来出现了液压胀管与爆炸胀管等新工艺，具有生产率高，劳动强度低，密封性好等特点，现在已逐渐得到推广使用。

（2）焊接　应用广泛。它加工简单，连接强度可靠，可使用较薄的管板，在高温高压时也能够保证连接的紧密性和抗拉脱能力。管子焊接处如有渗漏可以补焊，如须调换管子，可利用专用工具拆卸破漏管。但在焊接处容易产生裂纹，容易在接头处产生应力腐蚀。由于管子与管板孔间存在间隙，间隙中的介质会形成死区，造成间隙腐蚀。焊接结构不适用于有较大振动及有间隙腐蚀的场合。

（3）胀焊结合　单独采用胀接或单独采用焊接均有一定的局限性，为了补此不足，出现了胀焊结合的型式。采用这种结构可以消除管子与管板孔的间隙，增加抗疲劳的性能，提高使用寿命。胀焊结合适用于密封性能要求较高，承受振动或疲劳载荷，有间隙腐蚀等的场合。

5. 管子在管板上的排列

（1）排列方式　应用较多的排列方式是正三角形和正方形排列，其中又分转角正三角形和转角正方形排列，如图 3-6 所示。

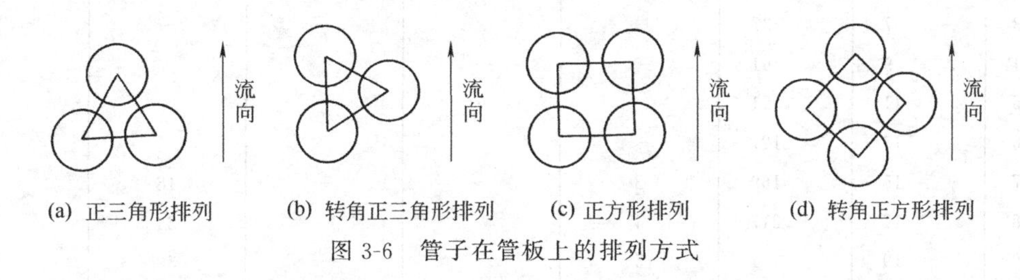

(a) 正三角形排列　(b) 转角正三角形排列　(c) 正方形排列　(d) 转角正方形排列

图 3-6　管子在管板上的排列方式

采用正三角形和转角正三角形排列，在相同的管板面积上可以排列较多的管数，且管心距相等，便于划线与钻孔，故应用较为普遍。但管外不易进行机械清洗，流体阻力也较大。适用于壳程流体清洁，不易结垢，或污垢可以用化学方法清洗的场合。固定管板式换热器多采用正三角形排列。

正方形和转角正方形排列在同样的管板面积上可排列的管数较少，但管外易于进行机械清洗，所以适用于管束能抽出清洗管间的场合。浮头式和填料函式换热器中常采用正方形排列。

在小直径换热器中，还可采用同心圆排列，如图 3-7 所示，这种排列方式的优点，在于靠近壳体的地方管子分布较为均匀，结构更为紧凑，在小直径换热器中可排的管数比正三角形排列的还多。当排列圈数超过 6 圈时，排列管数就比正三角形少。

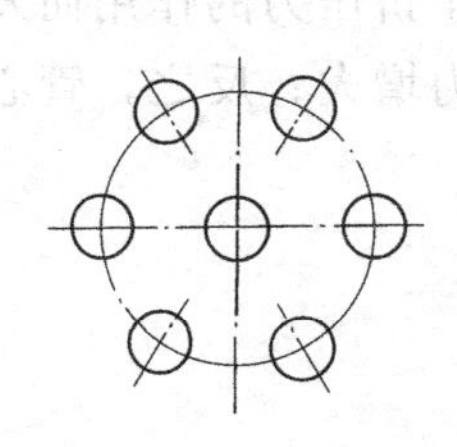

图 3-7　同心圆排列法

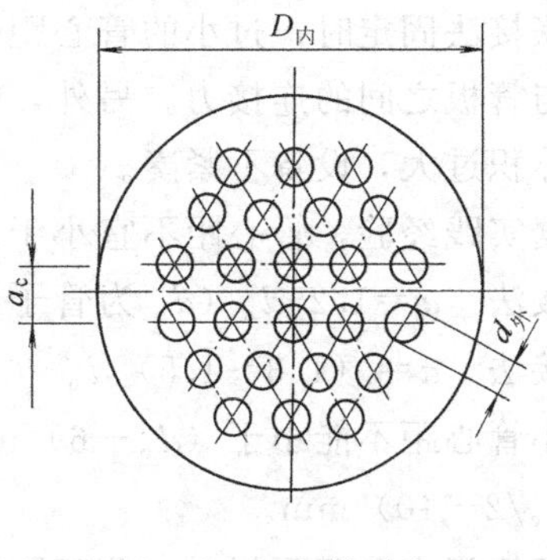

图 3-8　组合排列法

对于多程换热器，常采用组合排列法。即每一程内都采用正三角形排列，而在各程之间为了便于安装分程隔板，则采用正方形排列。如图 3-8 所示。

采用正三角形排列，当管子总数超过 127 根，即正六边形的层数大于 6 时，在最外层管子和壳体之间的弓形部分也应排上管子，这样不仅可以增大传热面积，而且消除了传热死角。单管程正三角形排列时，排列的管子数目及管子分布情况见表 3-7。

对于多管程换热器，由于分程隔板占据了一部分管板的面积，实际排列的管数比表 3-7 所列的要少，设计时实际的排管数应通过作管板布置图求得。

表 3-7 正三角形排列时的管数

六角形的层数	对角线上的管数	不计弓形部分时管子的根数	弓形部分管数				换热器内总管数
			在弓形的第一排	在弓形的第二排	在弓形的第三排	在弓形的总管数	
1	3	7	—	—	—	—	7
2	5	19	—	—	—	—	19
3	7	37	—	—	—	—	37
4	9	61	—	—	—	—	61
5	11	91	—	—	—	—	91
6	13	127	—	—	—	—	127
7	15	169	3	—	—	18	187
8	17	217	4	—	—	24	241
9	19	271	5	—	—	30	301
10	21	331	6	—	—	36	367
11	23	397	7	—	—	42	439
12	25	469	8	—	—	48	517
13	27	547	9	2	—	66	613
14	29	631	10	5	—	90	721
15	31	721	11	6	—	102	823
16	33	817	12	7	—	114	931
17	35	919	13	8	—	126	1045

(2) 管心距 管板上相邻两管中心的距离称管心距（或管间距），用符号 a 表示。管心距取决于管板的强度、清洗管子外表面时所需的空隙以及管子在管板上的固定方法等。当管子采用焊接法固定时，如果相邻两管的焊缝太近，就会相互受到影响，难以保证焊接质量。当采用胀接法固定时，过小的管心距会造成管板在胀接时由于挤压力的作用而发生变形，失去管子与管板之间的连接力。另外，管心距过小会使流体阻力增大；反之，管心距过大则管束所占体积过大，设备不紧凑。

根据实践经验，管心距不宜小于 1.25 倍的换热管外径。

焊接法 $a=1.25d_o$（d_o 为管子外径）

胀接法 $a=(1.3\sim1.5)\,d_o$

最小管心距不能小于（d_o+6）mm。管束最外层管子的中心与壳体内表面的距离不应小于（$d_o/2+10$）mm。

当两管间有分程隔板时，分程隔板两侧相邻管子的管心距 a_c（见图 3-8）按表 3-8 选取。

表 3-8 中列出了常用管子排列的管心距。

表 3-8 常用管心距

管外径 d_o/mm	19	25	32	38
管心距 a/mm	25	32	40	48
分程隔板两侧相邻的管心距 a_c/mm	38	44	52	60

6. 壳体内径与壁厚度

换热器壳体内径可采用作图法确定，即根据计算出的实际管数、管径、管心距及管子的排列方式等，通过作图得出管板直径，换热器壳体内径应等于或稍大于管板的直径。但当管数较多又需要反复计算时，用作图法太麻烦。通常在初步设计阶段，可通过估算初选壳体内径，待全部设计完成后，再用作图法画出管子排列图。为了使管子排列均匀，防止流体走短路，可以适当增减一些管子。

初步设计中可用下式计算壳体内径

$$D=a(b-1)+2e \tag{3-13}$$

式中 D——壳体内径，mm；

a——管心距，mm；

b——横过管束中心线的管数；

e——管束中心线上最外层管子中心至壳体内壁的距离，一般取 $e=(1\sim1.5)\ d_o$，mm。

b 值可由下面公式估算：

管子按正三角形排列　　$b=1.1\sqrt{n}$　　(3-14)

管子按正方形排列　　$b=1.19\sqrt{n}$　　(3-15)

式中 n——为换热器的总管数。

b 值也可根据总管数 n 由表查取。

多管程换热器壳体内径还和管程数有关，可用下式近似估算

$$D=1.05a\sqrt{n/\eta} \tag{3-16}$$

式中 η 为管板利用率，取值范围如下：

正三角形排列　2 管程　$\eta=0.7\sim0.85$

　　　　　　　4 管程以上　$\eta=0.6\sim0.8$

正四边形排列　2 管程　$\eta=0.55\sim0.7$

　　　　　　　4 管程以上　$\eta=0.45\sim0.65$

必须指出，以式（3-16）计算多管程换热器壳体内径，所得结果仅作参考，确定壳体内径的可靠方法是按比例在管板上画出隔板位置，并进行排管，从而确定壳体内径。

按式（3-13）和式（3-16）计算的壳径还必须按标准进行圆整。用钢板卷制壳体的公称直径以 400mm 为基数，以 100mm 为进级档，必要时，可采用 50mm 为进级档。当公称直径小于等于 400mm 时，可用钢管制作。

壳体的壁厚可根据有关计算确定，但碳素钢和低合金钢壳体的最小壁厚不应小于表 3-9 的规定。

表 3-9　碳素钢或低合金钢壳体的最小壁厚

公称直径/mm		400～≤700	>700～≤1000	>1000～≤1500	>1500～≤2000
最小壁厚/mm	浮头式、U形管式	8	10	12	14
	固定管板式	6	8	10	12

7. 折流板和支持板

（1）折流板　为了提高壳程流体的流速，增加湍流程度以提高传热效果，通常在壳体内安装一定数量的横向折流板。折流板的形式较多，如图 3-9 所示，其中以弓形（圆缺形）折流板最为常见。弓形折流板结构简单，流动死角少，所以应用最多。

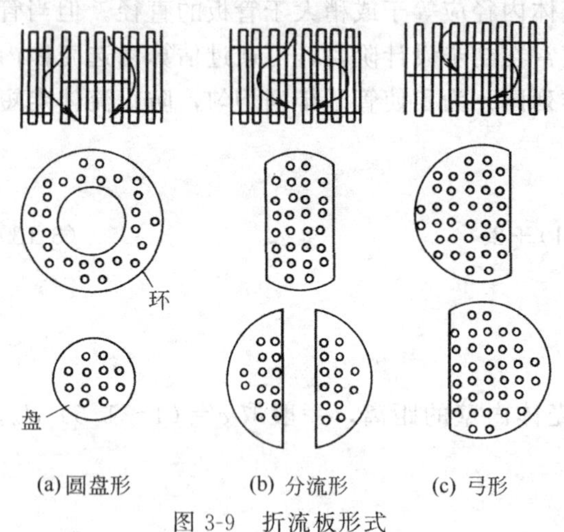

(a) 圆盘形　(b) 分流形　(c) 弓形

图 3-9　折流板形式

弓形折流板缺口的大小对壳体的流动有重要影响。弓形缺口过大或过小都不利于传热，还往往会增加流体阻力。折流挡板切去高度应使流体通过弓形缺口和横过管束的流速相近，以减少流体阻力。通常切去的弓形高度为壳体内径的 20%～45%，常用的是 20% 和 25% 两种。

折流板的间距对壳程流体的流动也有重要影响。间距太大，不能保证流体垂直流过管束，使管外给热系数下降；间距太小，不便于制造和检修，阻力也较大。一般取折流板间距为壳体内径的 0.2～1.0 倍，且不小于 50mm。我国系列标准中采用的折流板间距为：固定管板式有 100、150、200、300、450、600、700mm 七种；浮头式有 100、150、200、250、300、350、450、(或 480)、600mm 八种。

挡板缺口高度及板间距对壳程流体的流动影响如图 3-10 所示。

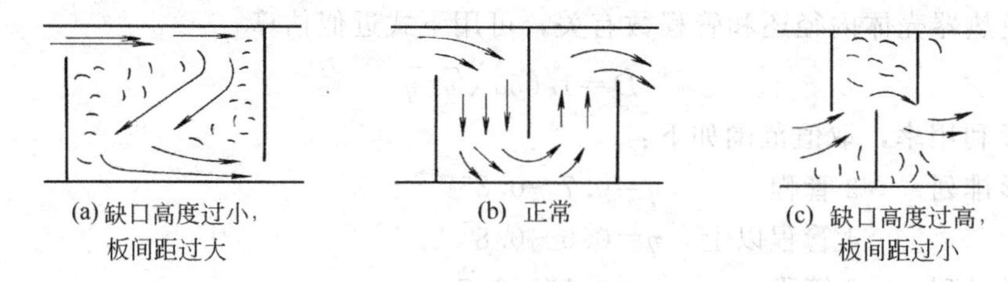

(a) 缺口高度过小，板间距过大　(b) 正常　(c) 缺口高度过高，板间距过小

图 3-10　挡板缺口高度和板间距的影响

对卧式换热器，弓形折流板分圆缺上下方向和左右方向排列。圆缺口上下排列，可造成流体剧烈扰动，增大给热系数；缺口左右排列，有利于蒸汽冷凝液的排除或含有悬浮物的流体流动。为方便停车时排净器内残液，折流板底部应开有 $\alpha=90°$，高度为 15～20mm 的小缺口，如图 3-11（a）、(b）所示。若液体中含有少量气体时，应在弓形缺口向下的折流板最高处开通气口，如图 3-13（c）所示。

（2）支持板　在卧式换热器内设置折流板，既起折流作用又起支撑作用，但当工艺上不需要设置折流板，而管子又比较细长时，为了防止管子弯曲变形、振动以及便于安装，仍要

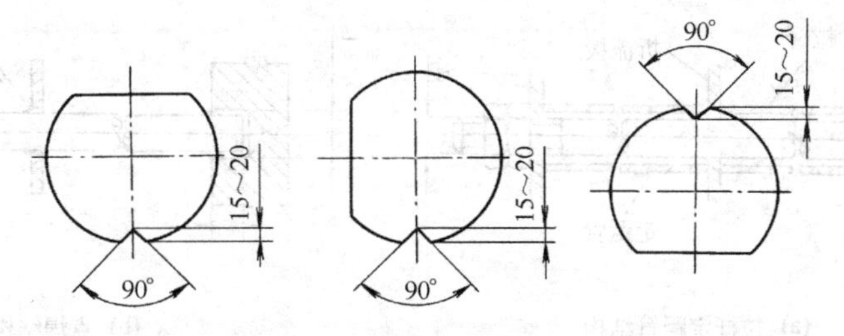

图 3-11　折流板安装形式与小缺口

设置一定数量的支持板。一般支持板多做成圆缺形状，与弓形折流板相同。

折流板和支持板的最小厚度参见表 3-10。

换热器在其允许使用温度范围内的最大无支撑跨距参见表 3-11。

表 3-10　折流板或支持板的最小厚度

公称直径 DN/mm	换热管无支撑距距/mm					
	≤300	>300~600	>600~900	>900~1200	>1200~1500	>1500
	折流板或支持板最小厚度/mm					
<400	3	4	5	8	10	10
400~≤700	4	5	6	10	10	12
>700~≤900	5	6	8	10	12	16
>900~≤1500	6	8	10	12	16	16
>1500~≤2000	—	10	12	16	20	20

表 3-11　最大无支撑跨距

换热管外径/mm	14	16	19	25	32	38	45	57
最大无支撑跨距/mm	1100	1300	1500	1850	2200	2500	2750	3200

（3）折流板或支持板的固定　折流板或支持板一般采用拉杆和定距套管固定在管板上，如图 3-14（a）所示。拉杆是两端皆带有螺纹的长杆，拉杆的一端拧入管板中，折流板穿在拉杆上，各板之间用套在拉杆上的定距管固定并保持板间距离。定距管可用与换热管直径相同的管子。最后一块折流板用两螺母拧在拉杆上予以紧固。图中 l_2 的长度为：拉杆直径为 10mm 时，$l_2>13$mm；拉杆直径为 12mm 时，$l_2>15$mm；拉杆直径为 16mm 时，$l_2>20$mm。

图 3-12（a）所示的拉杆定距管的结构形式，适用于换热管外径大于或等于 19mm 的管束。对于换热管外径小于或等于 14mm 时，拉杆与折流板或支持板的连接一般采用点焊结构，如图 3-12（b）所示，拉杆一端插入管板并与管板焊接，每块折流板与拉杆点焊固定。图中 l_1 的长度应大于等于拉杆的直径。

折流板和支持板的固定形式除图 3-12 所示外，还有其他的连接形式，可查有关资料。

折流板外径与壳体内壁的间隙越小，壳程流体由此泄露的量越少，即减少了流体的短路，使传热系数提高。但间隙过小，制造安装困难，故此间隙要求适宜。

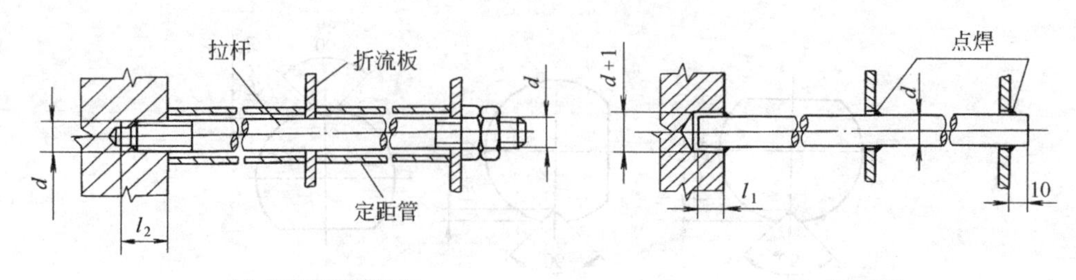

(a) 拉杆定距管结构　　(b) 点焊结构

图 3-12　折流板与拉杆的固定

换热器的拉杆直径和数量可按表 3-12 和表 3-13 选用。拉杆应尽量均布在管束外缘，靠近折流板缺边位置处。在保证大于或等于表 3-13 所给定的拉杆总截面积的前提下，拉杆直径和数量可以变动，但其直径不得小于 10mm，数量不少于 4 根。

表 3-12　拉杆直径

换热管外径 d_o/mm	$10 \leqslant d_o \leqslant 14$	$14 \leqslant d_o \leqslant 25$	$25 \leqslant d_o \leqslant 57$
拉杆直径 d/mm	10	12	16

表 3-13　拉杆数量

公称直径 DN/mm 拉杆直径 d/mm	<400	≥400～<700	≥700～<900	≥900～<1300	≥1300～<1500	≥1500～<1800	≥1800～<2000
10	4	6	10	12	16	18	24
12	4	4	8	10	12	14	18
16	4	4	6	6	8	10	12

8. 防短距装置

(1) 旁路挡板　当管束的最外缘与壳体壁之间的间隙较大时，会形成旁流。为减少旁流，通常加设旁路挡板。

图 3-13 是旁路挡板安装位置的示意图。挡板加工成规则的长条状，采用纵向对称布置，一般用点焊的方法将长条状挡板固定在两折流板之间，迫使壳程流体通过管束与管内流体进行换热。挡板的厚度与折流板或支持板相同，旁路挡板的数量推荐如下：

公称直径 $DN \leqslant 500$mm 时，一对挡板；

500mm $< DN <$ 1000mm 时，二对挡板；

$DN >$ 1000mm 时，不少于三对挡板。

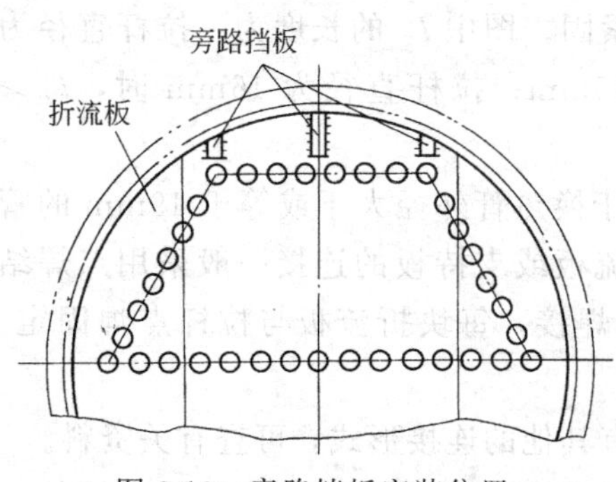

图 3-13　旁路挡板安装位置

(2) 挡管　在多程换热器的分程隔板处不能排管子，部分壳程流体将由此流过，不利于传热，故在分程隔板槽的背面两块管板之间安装挡管，如图 3-14 所示。挡管为不穿过管板且两端堵死的管子，与换热管规格相同。挡管应与任意一块折流板点焊固定。挡管通常是每隔 3～4 排换热管安置一根。但不应设置在折流板缺口处。挡管伸出第一块及最后一块折流板或支持板的长度应不大于50mm。

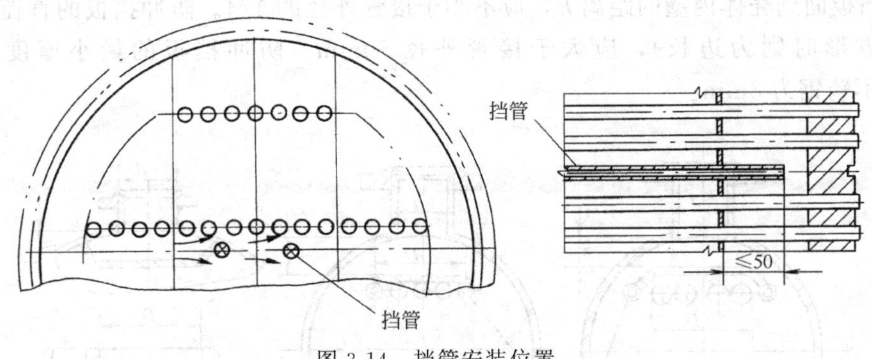

图3-14 挡管安装位置

(3) 中间挡板 对U形管换热器，由于U形管束最里层的管间通道很宽，可在U形管束的中间通道处设置中间挡板来减少流体短路，如图3-15 (a) 所示。中间挡板与折流板点焊固定。中间挡板的数量一般为：

公称直径 $DN\leqslant500$mm时，一块挡板；

$500\text{mm}<DN<1000$mm时，二块挡板；

$DN\geqslant1000$mm时，不少于三块挡板。

若内层U形管按图3-15 (b) 那样倾斜布置，使中间通道变窄，也可加挡管防止流体短路。

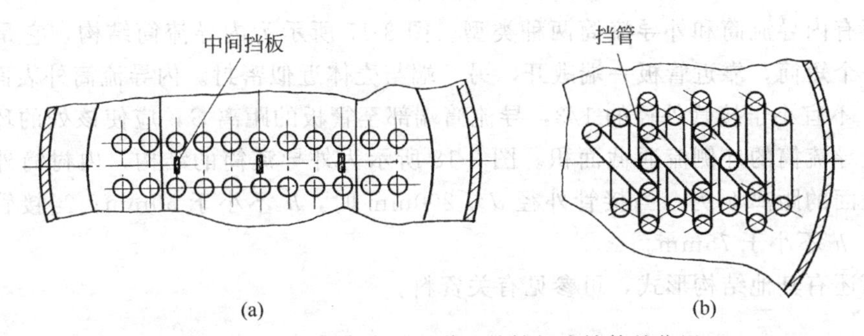

图3-15 U形管束中间通道处的挡板或挡管的位置

9. 防冲挡板与导流筒

在流体入口处的换热管，经常受到高速流体的冲击或冲刷，造成侵蚀及振动。为此，可在流体入口处安装防冲挡板。一般规定设置防冲挡板的有以下几方面条件。

管程设置防冲挡板的条件

当管程采用轴向入口接管或换热管内流体流速超过3m/s时，应设置防冲挡板，以减少流体的不均匀分布和对换热管端的冲蚀。

壳程设置防冲挡板的条件

① 对非腐蚀性、非磨蚀性的单相流体，其$\rho u^2>2230\text{kg}/(\text{m}\cdot\text{s}^2)$者 ($\rho$ 流体密度，kg/m^3；u 为流体速度，m/s)；

② 除上述以外的其他液体，包括沸点下的液体，其$\rho u^2>740\text{kg}/(\text{m}\cdot\text{s}^2)$者；

③ 有腐蚀或有磨蚀的气体、蒸汽及汽液混合物，应设置防冲板。

防冲挡板的形式如图3-16所示。其中图 (a) 和图 (b) 是把防冲挡板的两侧焊在定距管（或拉杆）上。图（c）是把防冲挡板焊在壳体上。

防冲挡板面到壳体内壁的距离 h，应不小于接管外径的 1/4。防冲挡板的直径 D（防冲挡板为正方形时则为边长），应大于接管外径 50mm。防冲挡板的最小厚度：碳钢为 4.5mm；不锈钢为 3mm。

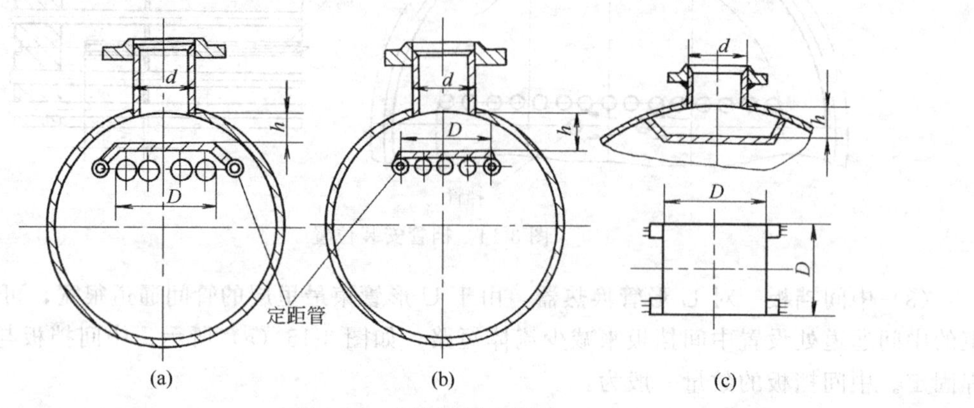

图 3-16　防冲挡板的形式

当壳体法兰用高颈法兰或壳程进出口管径较大时，壳程进出口到管板的距离都比较大，造成管板与换热管连接处的死区，使得靠近两端管板的换热管利用率很低，为此，可采用导流筒结构。导流筒能把壳程流体引向管板方向，以消灭上述的死区，提高传热效果。除此之外，还能起到防冲挡板的作用，保护管束免受冲击。

导流筒有内导流筒和外导流筒两种类型。图 3-17 所示为内导流筒结构，它是设置在壳体内部的一个短筒，靠近管板一端敞开，另一端与壳体近似密封。内导流筒外表面到壳体内壁的距离 h 不宜小于接管外径的 1/3，导流筒端部至管板的距离 S，应使该处的环形流通截面积不小于导流筒的外侧流通截面积。图 3-18 所示为外导流筒的结构，内衬筒外表面到外导流筒内表面的距离 h 为：当接管外径 $d \leqslant 200$mm 时，h 不小于 50mm；当接管外径 $d >$ 200mm 时，h 不小于 75mm。

导流筒还有其他结构形式，可参见有关资料。

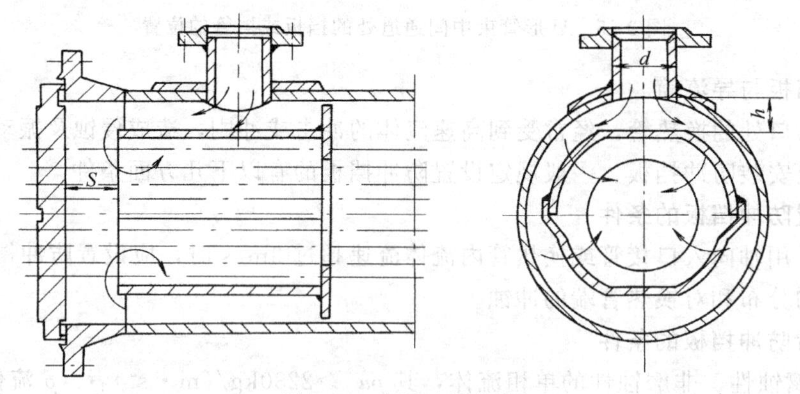

图 3-17　内导流筒结构

10. 管板与管程隔板的连接

管板与管程隔板的密封结构如图 3-19 所示，管板上开槽，分程隔板插入槽内，槽的底面与管板密封面必须在同一平面上。隔板的密封面宽度最小为（$\delta+2$）。分程隔板槽深不宜

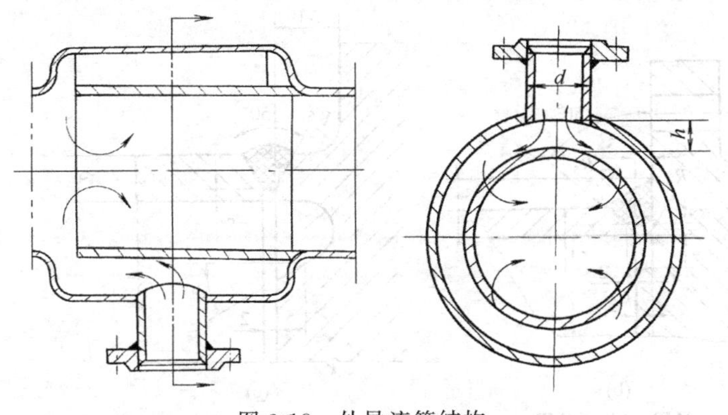

图 3-18　外导流筒结构

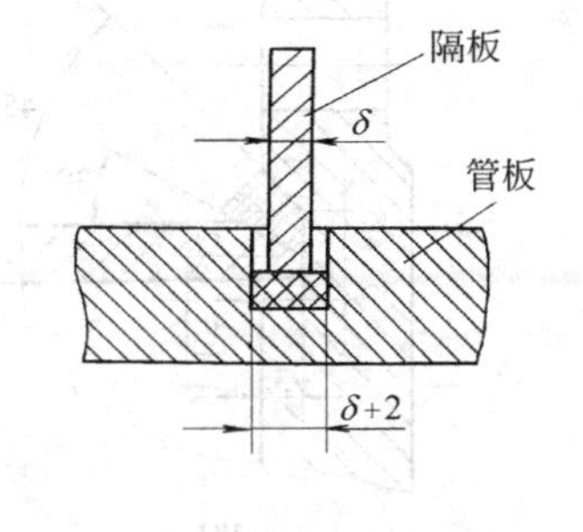

图 3-19　管板与管程隔板的密封

小于 4mm，槽宽一般为 12mm。当隔板厚度大于 10mm 时，密封面处应按图 3-20 削边至 10mm。大直径换热器的分程隔板应设计成双层结构，管板与分程隔板的密封形式与单层隔板相同，如图 3-21 所示，双层隔板有一隔热空间，可以减少管程流体通过隔板的传热。必要时可在每一程隔板的最高点和最低点开 ϕ6mm 的放气孔或排液孔，以便排除每一程的残液。

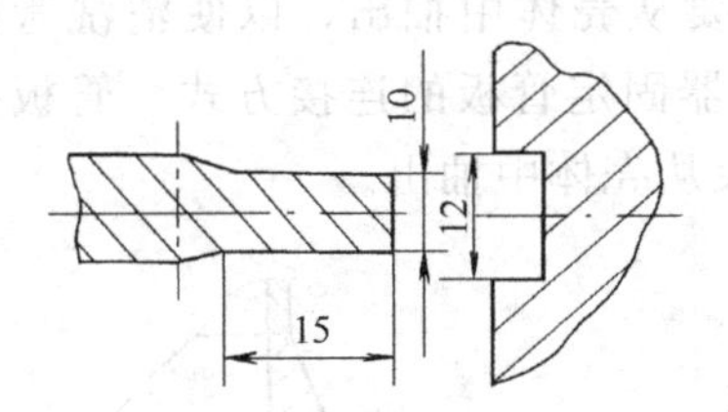

图 3-20　隔板削边尺寸

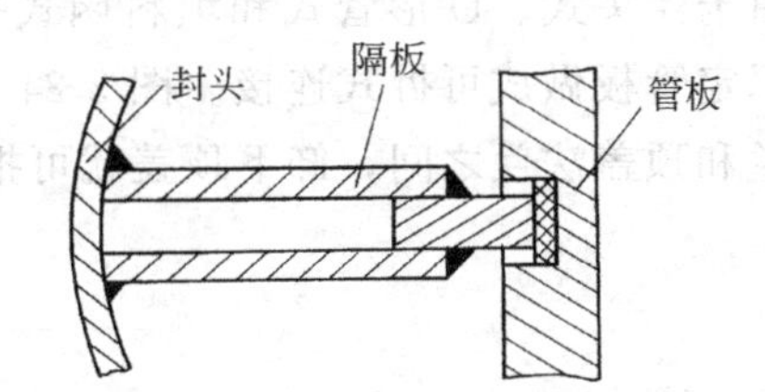

图 3-21　双层隔板结构与密封

隔板材料与封头材料相同。分程隔板的最小厚度不应小于表 3-14 的规定。

表 3-14　分程隔板的最小厚度

公称直径/mm	隔板最小厚度/mm	
	碳素钢及低合金钢	高合金钢
≤600	8	6
>600～≤1200	10	8
>1200～≤2000	14	10

11. 管板与壳体的连接

列管换热器管板与壳体的连接结构可分为可拆式和不可拆式两大类。固定管板式换热器的管板与壳体间采用不可拆的焊接连接，而浮头式、U 形管式和填料函式换热器的管板与壳体间采用可拆式连接。

由于温度、压力及物料性质不同，所以管板与壳体的焊接形式不同。图 3-22 所示，是当管板兼作法兰时，常见的几种管板与壳体的焊接形式，图（a）管板开槽壳体嵌入槽内后再进行焊接，壳体容易对中，施焊方便。适用于设计压力 1MPa 及壁厚度在 12mm 以下的场合，不宜用于易燃、易爆、易挥发及有毒的流体。图（b）适用于设计压力大于 1MPa 小于等于 4MPa 的场合。当设备直径较大，管板较厚，设计压力大于 4MPa 时，可用图（c）的焊接形式。图中 p_s 表示设计压力。

管板不兼作法兰时，管板与壳体的焊接方式见图 3-23。其中图（b）所示的焊缝结构考

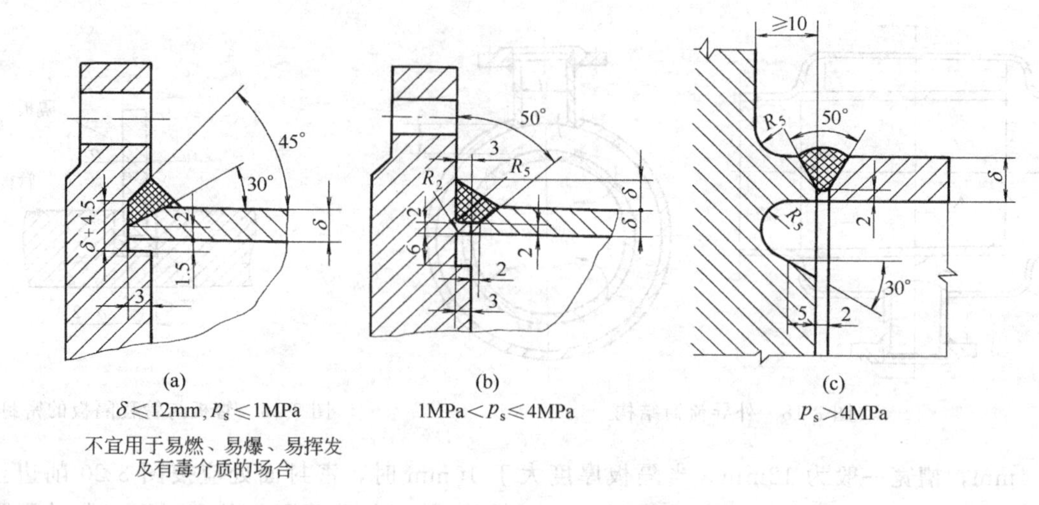

图 3-22　管板与壳体的焊接形式

虑了管板较厚的因素，可达到减小焊接应力的目的，提高了焊缝质量。

由于浮头式、U 形管式和填料函式换热器的管束要从壳体中抽出，以便清洗管间，故需将固定管板做成可拆式连接。图 3-24 为浮头式换热器固定管板的连接方式，管板夹于壳体法兰和顶盖法兰之间，卸下顶盖就可把管板连同管束从壳体中抽出。

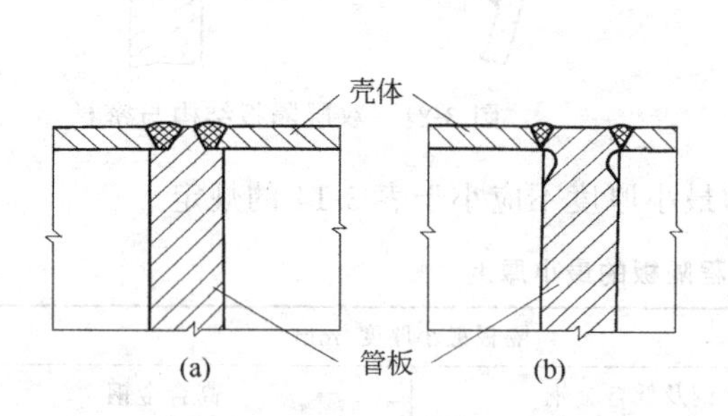

图 3-23　不兼作法兰的管板与壳体的焊接形式

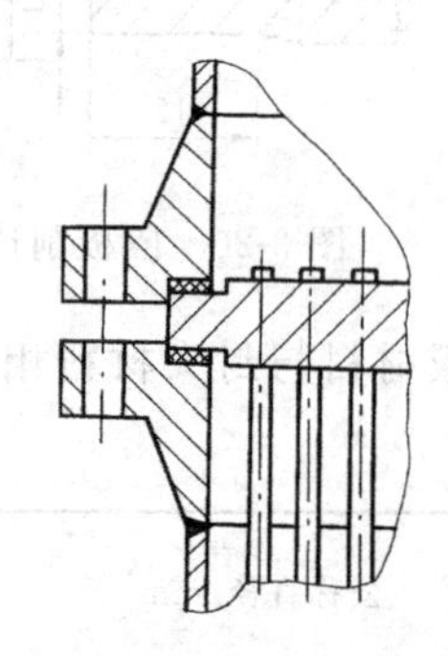

图 3-24　管板与壳体可拆连接

12. 管板与管箱的连接

(1) 管箱　换热器管内流体进出口的空间称为管箱。其结构主要以换热器是否需要清洗或管束是否需要分程等因素来决定。常用的结构如图 3-25 所示。图 (a) 所示结构，在清洗时必须拆下外部管道；若改用图 (b) 所示结构，由于为侧向接管，则不必拆下外部管道就可将管箱拆下；图 (c) 所示结构是将管箱上盖做成可拆式的，清洗或检修时只需拆下上盖即可，不必拆管箱，但需要增加一对法兰；图 (d) 的结构省去了管板与壳体的法兰连接，使结构简化，但更换管子不太方便。

(2) 管板与管箱的连接　固定管板式换热器的管板可兼作法兰，与管箱法兰的连接形式如图 3-26 所示。图 (a) 所示的形式适用于在管程与壳程的操作压力为 1.6MPa，对气密性要求不高的情况下。当气密性要求较高，可选用图 (b) 所示的形式，但榫槽密封面虽有良好的密封性能，但有制造要求较高、加工困难、垫片窄、安装不便等缺点，所以一般情况下，尽可能采用凹凸面形式来代替，如图 (c) 所示的结构。

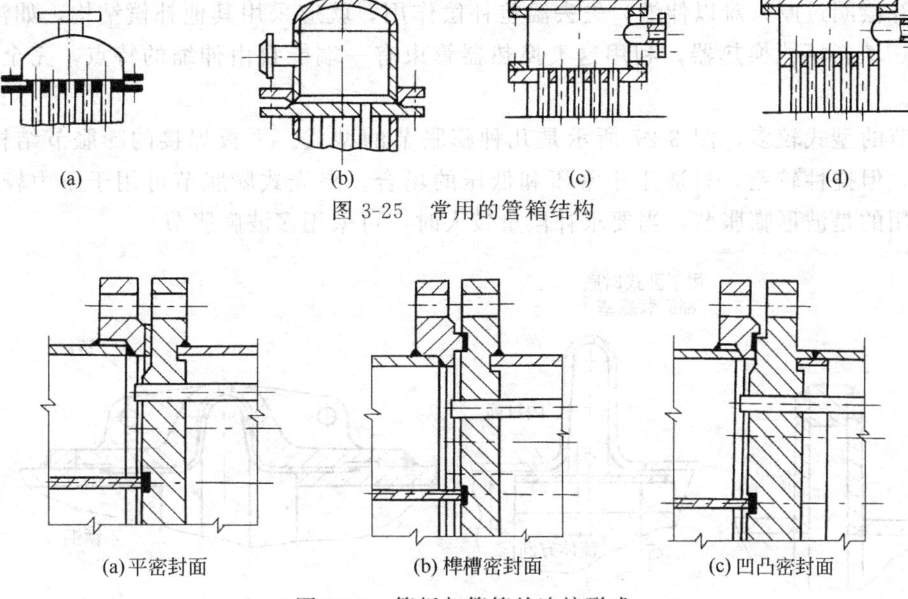

图 3-25　常用的管箱结构

图 3-26　管板与管箱的连接形式

13. 接管

（1）接管直径　换热器的进出口接管直径，根据流体的体积流量，选择适宜的进出口流速后，按下式计算

$$d=\sqrt{\frac{4q_V}{\pi u}} \tag{3-17}$$

式中　d——管子内径，m；

q_V——流体的体积流量，m^3/s；

u——接管中流体的流速，在适宜范围内选取，m/s。

由上式计算所得的管径需按管子规格进行圆整。

（2）接管长度　换热器接管长度应考虑设置的保温层厚度及便于安装操作，可参考表 3-15。

表 3-15　换热器的接管长度/mm

保温层厚/mm		≤100	100～150	150～200
接管公称直径/mm	<50	150	200	250
	50～100	150～200	200～250	250～300
	100～150	200	200～250	250～300
	150～500	200～250	250～300	250～350

14. 温差应力补偿

在固定管板式换热器中，由于管子与管板、管板与壳体都是刚性连接，当管壁与壳壁的温差较大时，产生的温差应力会使管子弯曲变形或从管板上松脱，造成泄露。

当管壁与壳壁的温差大于 50℃时，就要采用温差补偿装置。最常用的是在固定管板换热器上设置膨胀节，利用膨胀节的弹性变形减小温差应力。这种补偿方法简单，但补偿能力有限，适用于管壁与壳壁温差小于70℃的场合。另外，当壳程流体压力较大时，由于强度要求，使补偿圈过厚，难以伸缩，失去温差补偿作用，就应采用其他补偿结构，如浮头式、U形管式、填料函式换热器，利用这类换热器管束有一端能自由伸缩的特点，完全消除了温差应力。

膨胀节的型式较多，图3-27所示是几种膨胀节的型式。平板焊接的膨胀节结构简单，便于制造，但挠性较差，只适用于常压和低压的场合。夹壳式膨胀节可用于压力较高的场合。最常用的是波形膨胀节，当要求补偿量较大时，可采用多波膨胀节。

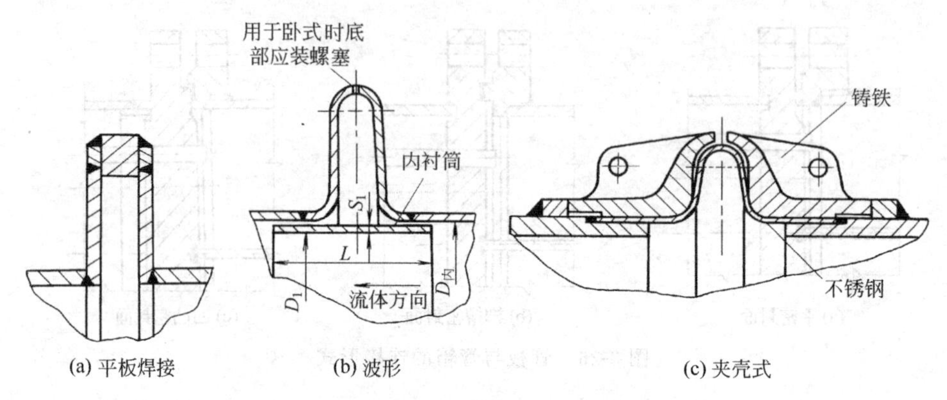

图3-27　膨胀节型式

为了减小流体通过膨胀节的阻力和防止物料在波壳内的沉积，常在容器内的膨胀节处焊一个起导流作用的内衬筒。当膨胀节用于卧式容器时，应在其最底部安装螺塞，以便排除壳体内的残留液体。膨胀节应尽量设置在管板处，当设备垂直安装时，支承的位置最好放在膨胀节的上面。

对于波形膨胀节国家已有系列标准（GB 16749—1997），其基本参数和尺寸可由标准中查得。

四、换热器校核

换热器校核的内容主要包括换热器的传热面积、壁温和压强降。

(一) 传热面积校核

校核的目的在于验证所设计的换热器能否达到规定的热负荷，并留有一定的传热面积裕度。

1. 传热平均温度差 Δt_m 的校正

在初算换热器传热面积时，传热平均温度差是按逆流计算的，若所设计的换热器为多程结构，需按式（3-7）进行校正，并看温度差校正系数 $\varphi_{\Delta t}$ 是否大于0.8，否则应考虑增加壳程数或多台换热器串联。

2. 传热系数 K 的计算

初算传热面积时，所用的传热系数为选取的经验值。当换热器的结构确定以后，应根据设备的结构参数、冷热流体的流量及物性等数据按照串联热阻的概念，重新校核 K 值。

列管式换热器的传热面积常以换热管外表面积为基准，所以相应的传热系数按下式计算

$$K=\frac{1}{\left(\frac{d_o}{\alpha_i d_i}+R_i\frac{d_o}{d_i}+\frac{\delta d_o}{\lambda d_m}+R_o\frac{1}{\alpha_o}\right)} \tag{3-18}$$

式中　d_i、d_m、d_o——分别为管内径、平均直径、管外径，m；

α_i、α_o——分别为管内、管外对流传热膜系数，W/（m^2·℃）；

R_i、R_o——分别为管内、管外污垢热阻，m^2·℃/W；

δ——换热管壁厚，m；

λ——管壁材料的导热系数，W/（m·℃）。

为此先计算或选取式（3-18）中的各有关量。

（Ⅰ）管内流体传热膜系数的计算

若管内流体无相变化，在圆形直管内作强制湍流时，传热膜系数可按以下公式计算。

（1）低粘度流体（μ<2倍常温水的粘度）

$$\alpha=0.023\frac{\lambda}{d_i}Re^{0.8}Pr^n=0.023\frac{\lambda}{d_i}\left(\frac{d_i u\rho}{\mu}\right)^{0.8}\left(\frac{c_p\mu}{\lambda}\right)^n \tag{3-19}$$

当流体被加热时 $n=0.4$；当流体被冷却时 $n=0.3$。

式中　α——对流传热膜系数，W/（m^2·℃）；

λ——流体的导热系数，W/（m·℃）；

d_i——管内径，m；

u——流体的流速，m/s；

ρ——流体的密度，kg/m^3；

μ——流体的粘度，Pa·s；

c_p——流体的定压比热容，J/（kg·℃）；

Re——雷诺数；

Pr——普兰德数。

应用范围：$Re>10000$，$0.7<Pr<120$，$l/d_i>60$（l 为管长）。若 $l/d_i<60$，可将式（3-19）算得的 α 乘以 $[1+(d_i/l)^{0.7}]$ 进行校正。

特征尺寸：管内径 d_i。

定性温度：取流体进出口温度的算术平均值。

（2）高粘度液体

$$\alpha=0.027\frac{\lambda}{d_i}\left(\frac{d_i u\rho}{\mu}\right)^{0.8}\left(\frac{c_p\mu}{\lambda}\right)^{0.33}\left(\frac{\mu}{\mu_w}\right)^{0.14} \tag{3-20}$$

式中的 $\left(\frac{\mu}{\mu_w}\right)^{0.14}$ 是考虑热流方向的校正项。μ_w 为壁面温度下流体的粘度，其他符号意义同前。

应用范围：$Re>10000$，$0.7<Pr<16700$，$l/d_i>60$。

特征尺寸：管内径 d_i。

定性温度：除 μ_w 取壁面温度下的数值外，其他均取流体进出口温度的算术平均值。

由于壁温较难确定，所以式中的 $\left(\frac{\mu}{\mu_w}\right)^{0.14}$ 可作如下近似处理：当液体被加热时，$\left(\frac{\mu}{\mu_w}\right)^{0.14}=1.05$；当液体被冷却时，$\left(\frac{\mu}{\mu_w}\right)^{0.14}=0.95$；对气体无论是被加热还是被冷却均取 $\left(\frac{\mu}{\mu_w}\right)^{0.14}=1.0$。这些假设与实际情况相当接近，一般可不再校核。

（Ⅱ）管外流体传热膜系数的计算

(1) 管外流体无相变化时对流传热膜系数

若列管换热器的管间无折流挡板，管外流体沿管束平行流动，对流传热膜系数仍可用管内强制对流的公式计算，但式中的管内径应以当量直径代替。

换热器内装有圆缺形挡板（切割 25%），管外对流传热膜系数的关联式如下。

① $Re=2\times10^3\sim1\times10^6$ 时

$$\alpha=0.36\frac{\lambda}{d_e}\left(\frac{d_e u\rho}{\mu}\right)^{0.55}\left(\frac{c_p\mu}{\lambda}\right)^{1/3}\left(\frac{\mu}{\mu_w}\right)^{0.14} \tag{3-21}$$

特征尺寸：传热当量直径 d_e。

定性温度：除 μ_w 取壁温外，其余均取流体进出口温度的算术平均值。

传热当量直径 d_e 的计算与管子排列方式有关。

管子正方形排列时

$$d_e=\frac{4\left(a^2-\frac{\pi}{4}d_o^2\right)}{\pi d_o} \tag{3-22}$$

管子三角形排列时

$$d_e=\frac{4\left(\frac{\sqrt{3}}{2}a^2-\frac{\pi}{4}d_o^2\right)}{\pi d_o} \tag{3-23}$$

式中 a——相邻两管的中心距，m；

d_o——管外径，m。

② $Re=(3\sim2)\times10^4$ 时

$$\alpha=0.23\frac{\lambda}{d_o}\left(\frac{d_o u\rho}{\mu}\right)^{0.6}\left(\frac{c_p\mu}{\lambda}\right)^{1/3}\left(\frac{\mu}{\mu_w}\right)^{0.14} \tag{3-24}$$

特征尺寸：管外径 d_o，其他符号意义同前。

定性温度：同式（3-21）。

式（3-21）和式（3-24）中的流速 u 根据流体流过管间最大截面 S 计算，即

$$S=BD\left(1-\frac{d_o}{\alpha}\right) \tag{3-25}$$

$$u=\frac{q_V}{S} \tag{3-26}$$

式中 B——相邻两折流板间的距离，m；

D——换热器的壳体内径，m；

q_V——壳程流体的体积流量，m^3/s。

(2) 管外流体有相变化时对流传热膜系数

① 蒸汽在水平管外冷凝膜系数

蒸汽在水平管外冷凝时的传热膜系数按下式计算

$$\alpha=0.725\left(\frac{g\rho^2\lambda^3 r}{n^{2/3}d_o\mu\Delta t}\right)^{1/4} \tag{3-27}$$

式中 ρ——冷凝液的密度，kg/m^3；

λ——冷凝液的导热系数，W/(m·℃)；

r——汽化潜热，J/kg；

μ——冷凝液的粘度，Pa·s；

d_o——管外径，m；

g——重力加速度，m/s^2；

Δt——液膜两侧的温度差 $\Delta t = t_s - t_w$，t_s 为饱和蒸汽温度，t_w 为壁温，℃；

n——水平管束在垂直列上的管子数，若为单根水平管，$n=1$。

在列管式冷凝器中，若管束由互相平行的 z 列管子组成，一般各列管子在垂直方向上的管数不相等，若分别为 n_1，n_2，…，n_z，则式中的 n 应以平均管数 n_m 代替，平均管数可按下式计算

$$n_m = \left(\frac{n_1 + n_2 + \cdots + n_z}{n_1^{0.75} + n_2^{0.75} + \cdots + n_z^{0.75}}\right)^4 \tag{3-28}$$

式（3-27）中除汽化潜热 r 取冷凝温度 t_s 下的数据外，其他冷凝液的物性数据均取膜温（蒸汽饱和温度 t_s 与壁温 t_w 的算术平均值）下的数值。

② 蒸汽在垂直管外冷凝膜系数

当冷凝液膜为层流流动，即 $Re<2000$ 时

$$\alpha = 1.13\left(\frac{g\rho^2\lambda^3 r}{\mu L \Delta t}\right)^{\frac{1}{4}} \tag{3-29}$$

当冷凝液膜为湍流流动，即 $Re>2000$ 时

$$\alpha = 0.0077\left(\frac{g\rho^2\lambda^3}{\mu^2}\right)^{\frac{1}{3}} Re^{0.4} \tag{3-30}$$

式中 L——垂直管的高度，m；

其他符号的意义与式（3-27）相同。

定性温度：与式（3-27）相同。

用来判断膜层流型的 Re 数可表示为

$$Re = \frac{4M}{\mu} \tag{3-31}$$

$$M = \frac{q_m}{s}$$

式中 M——冷凝负荷，kg/(m·s)；

s——润湿周边，m；

q_m——冷凝液的质量流量，kg/s；

μ——冷凝液的粘度，Pa·s。

（Ⅲ）污垢热阻和管壁热阻

新的换热器使用一段时间后，在传热面两侧会有污垢形成，使传热量下降。因此，在校核传热系数时，不可忽略污垢热阻的影响。由于所处理的物料种类繁多，操作条件变化很大，所以对污垢的生成规律较难掌握，目前对污垢热阻的选取主要依靠经验数据。选择污垢热阻时，应特别慎重，尤其对易结垢的物料更是如此。因为在这种情况下，污垢热阻往往在总传热热阻中占有较大比例，其值对传热系数影响很大。管壁热阻相对来说较小，其值取决于传热管壁厚和材料。

常用金属材料的导热系数和污垢热阻的大致范围见附录二和附录六。

3. 传热面积的校核

将已计算的传热系数和校正后的传热平均温度差代入式（3-9）中，计算出所需的传热面积 A'，再与所设计换热器的实际传热面积 A 比较。若

$$\frac{A}{A'} = 1.1 \sim 2.5$$

说明所设计的换热器有10%～25%的安全系数，设计是合理的。否则应重新设计。

(二) 壁温的计算

在某些情况下，需要知道壁温才能计算α值，这时需先假设壁温，求得传热膜系数后，再核算壁温。另外，检验所选换热器的型式是否合适，是否需要加设温度初偿装置等也需计算壁温，壁温可用如下公式计算。

(1) 热流体侧的壁温t_{w1}

$$t_{w1}=T_m-\frac{Q}{A_1}\left(\frac{1}{\alpha_1}+R_1\right) \tag{3-32}$$

(2) 冷流体侧的壁温t_{w2}

$$t_{w2}=t_m+\frac{Q}{A_2}\left(\frac{1}{\alpha_2}+R_2\right) \tag{3-33}$$

(3) 传热面的平均壁温t_w

一般情况下可取

$$t_w=\frac{1}{2}(t_{w1}+t_{w2}) \tag{3-34}$$

对薄金属壁可取

$$t_w=t_{w1}=t_{w2} \tag{3-35}$$

粗略估算时可用下式

$$t_w=\frac{\alpha_1 T_m+\alpha_2 t_m}{\alpha_1+\alpha_2} \tag{3-36}$$

液体平均温度（过渡流及湍流阶段）为

$$T_m=0.4T_1+0.6T_2 \tag{3-37}$$

$$t_m=0.4t_2+0.6t_1 \tag{3-38}$$

液体（层流阶段）及气体的平均温度为

$$T_m=\frac{1}{2}(T_1+T_2) \tag{3-39}$$

$$t_m=\frac{1}{2}(t_1+t_2) \tag{3-40}$$

式中　T_m、t_m——热流体、冷流体的平均温度,℃；

A_1、A_2——热流体侧、冷流体侧的换热表面积，m^2；

α_1、α_2——热流体、冷流体的给热系数，W/（m^2·℃）；

R_1、R_2——热流体侧、冷流体侧的污垢热阻，（m^2·℃）/W；

T_1、T_2——热流体的进、出口温度,℃；

t_1、t_2——冷流体的进、出口温度,℃。

(4) 壳体壁温

壳体壁温的计算方法与传热管壁温的计算方法类似。当壳体外部有良好的保温，或壳程流体接近于环境温度，或传热条件使壳体壁温接近于介质温度时，则壳体壁温可取壳程流体的平均温度。

(三) 压力降的计算

流体流经列管式换热器中的压力降（流体阻力损失）包括管程与壳程两个方面，需分别进行计算。

1. 管程压力降

对于多管程换热器，其总阻力为各程直管阻力、回弯管阻力及进出口阻力之和。相比之

下，进出口阻力较小，一般可忽略不计。因此，管程总阻力的计算式为

$$\sum \Delta p_i=(\Delta p_1+\Delta p_2)F_t N_s N_p \tag{3-41}$$

式中 Δp_1——因直管摩擦阻力引起的压力降，Pa；

Δp_2——因回弯管阻力引起的压力降，Pa；

F_t——管程结垢校正系数，对 ϕ25mm×2.5mm 的管子取 1.4，对 ϕ19mm×2mm 的管子取 1.5；

N_s——串联的壳程数；

N_p——管程数。

Δp_{in} 按流体在直管中流动的阻力公式计算，即

$$\Delta p_{in}=\lambda \frac{l}{d_{in}}\frac{\rho u_{in}^2}{2} \tag{3-42}$$

回弯管阻力由下面经验式估算

$$\Delta p_2=3\left(\frac{\rho u_{in}^2}{2}\right) \tag{3-43}$$

式中 λ——摩擦系数，可由 λ-Re 关系图中查得；

l——管子的长度，m；

d_{in}——管内径，m；

u_{in}——管程流速，m/s；

ρ——流体密度，kg/m^3。

2.壳程压力降

由于壳程流体的流动状况较为复杂，计算压力降的方法较多，用不同的公式计算结果往往相差较大。下面是较通用的埃索计算公式

$$\sum \Delta p_o=(\Delta p'_{in}+\Delta p'_{out})F_s N_s \tag{3-44}$$

式中

$$\Delta p'_{in}=F f_o b(N_B+1)\frac{\rho u_o^2}{2} \tag{3-45}$$

$$\Delta p'_2=N_B\left(3.5-\frac{2B}{D}\right)\frac{\rho u_o^2}{2} \tag{3-46}$$

式中 $\Delta p'_{in}$——流体横过管束的压力降，Pa；

$\Delta p'_{out}$——流体通过折流挡板缺口的压力降，Pa；

F_s——壳程结垢校正系数，对于液体 $F_s=1.15$，对于气体或蒸汽 $F_s=1.0$；

F——管子排列方式对压降的校正系数，对正三角形排列 $F=0.5$，对转角正方形排列 $F=0.4$，对正方形排列 $F=0.3$；

f_o——壳程流体的摩擦系数，当 $Re_o>500$ 时，$f_o=5.0Re_o^{-0.228}$，其中 $Re_o=d_o u_o \rho/\mu$；

b——横过管束中心线的管子数；

N_B——折流挡板数；

B——折流板间距，m；

D——换热器壳体内径，m；

d_o——管外径，m；

u_o——按壳程流通截面积 S' 计算的流速，m/s，而 $S'=B(D-bd_o)$。

换热器的设计必须满足工艺上提出的压降要求。若不符合，应修正设计。一般情况下，液体

流过换热器的压力降为10～100kPa，气体为1～10kPa，允许的压降与换热器的操作压力有关，操作压力大，允许的压降可大些。换热器合理的压降参见表3-16。

表3-16　换热器的合理压力降

换热器操作情况	负压	低压		中压	较高压
操作压力（绝压）p/MPa	0～0.1	0.1～0.17	0.17～1.1	1.1～3.1	3.1～8.1
合理压降 Δp/MPa	$p/10$	$p/5$	0.035	0.035～0.18	0.07～0.25

五、列管换热器的设计框图

列管换热器的设计框图如图3-28所示。

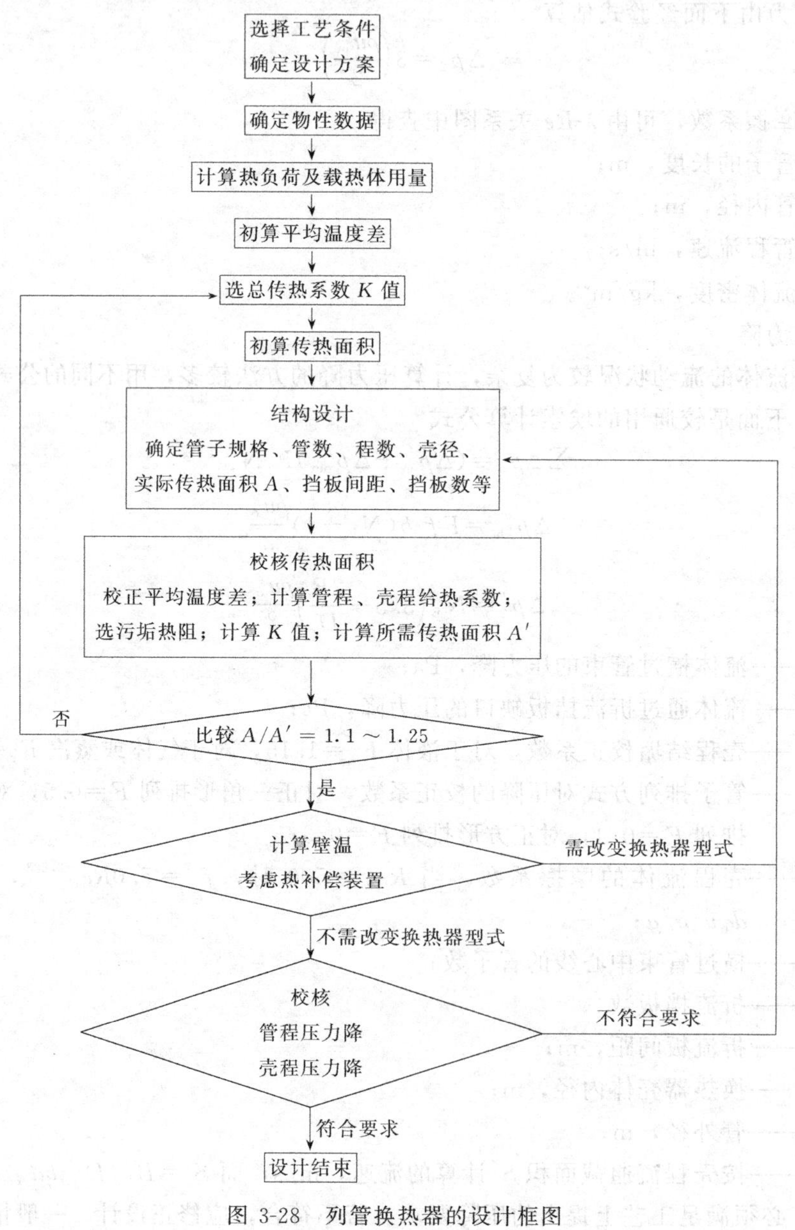

图3-28　列管换热器的设计框图

第三节　列管换热器设计举例

1.设计任务和操作条件

某化工厂在生产过程中，需将纯苯液体从80℃冷却到55℃，其流量为21000kg/h。冷却介质采用35℃的循环水。要求换热器的管程和壳程压降不大于10kPa，试设计能完成上述任务的列管式换热器。

2.确定设计方案

（1）选择换热器的类型

两流体的温度变化情况：

热流体进口温度为80℃，出口温度为55℃。

冷流体进口温度为35℃，根据经验，选择冷却水温升为8℃，则冷却水出口温度为$t_2=35+8=43$℃。

从两流体的温度来看，估计换热器的管壁温度和壳体壁温之差不会很大，因此初步确定选用固定管板式换热器。

（2）流体流入空间的选择

该设计任务的热流体为苯，冷流体为水，为使苯通过壳体壁面向空气中散热，提高冷却效果，故使苯走壳程，另外，水也较易结垢，为便于提高流速减少污垢生成，以及便于清除污垢，使水走管程。

3.确定物性数据

苯的定性温度：$T=\dfrac{80+55}{2}=67.5$℃

水的定性温度：$t=\dfrac{35+43}{2}=39$℃

查得苯在定性温度下的物性数据：$\rho=828.6\text{kg/m}^3$；$c_p=1.841\text{kJ/(kg·℃)}$；$\lambda=0.129\text{W/(m·℃)}$；$\mu=0.352\times10^{-3}\text{Pa·s}$

查得水在定性温度下的物性数据：$\rho=992.6\text{kg/m}^3$；$c_p=4.174\text{kJ/(kg·℃)}$；$\lambda=0.632\text{W/(m·℃)}$；$\mu=0.67\times10^{-3}\text{Pa·s}$

4.估算传热面积

（1）计算热负荷（忽略热损失）

$$Q=q_{m1}c_{p1}(T_1-T_2)=\frac{21000}{3600}\times1.841\times10^3\times(80-55)=2.68\times10^5\text{ W}$$

（2）冷却水用量（忽略热损失）

$$q_{m2}=\frac{Q}{c_{p2}(t_2-t_1)}=\frac{2.68\times10^5}{4.174\times10^3\times(43-35)}=8.03\text{kg/s}$$

（3）传热平均温度差

先按逆流计算

$$\Delta t_m=\frac{\Delta t_1-\Delta t_2}{\ln\dfrac{\Delta t_1}{\Delta t_2}}=\frac{(80-43)-(55-35)}{\ln\dfrac{80-43}{55-35}}=27.6℃$$

4. 初算传热面积

参照传热系数 K 的大致范围，取 $K=450\mathrm{W}/(\mathrm{m}^2\cdot℃)$

则估算传热面积 $$A_{估}=\frac{Q}{K\Delta t_m}=\frac{2.68\times10^5}{450\times27.6}=21.58\mathrm{m}^2$$

取实际面积为估算面积的 1.15 倍，则实际估算面积为：

$$A_{实}=1.15\times21.58=24.8\mathrm{m}^2$$

5. 工艺结构尺寸

(1) 选管子规格

选用 $\phi25\mathrm{mm}\times2.5\mathrm{mm}$ 的无缝钢管，管长 $l=3\mathrm{m}$。

(2) 总管数和管程数

总管数 $$n=\frac{A_{实}}{\pi d_o l}=\frac{24.8}{3.14\times0.025\times3}=105 \text{ 根}$$

单程流速 $$u=\frac{q_V}{\frac{\pi}{4}d_i^2 n}=\frac{\frac{8.03}{992.6}}{0.785\times0.02^2\times105}=0.245\ \mathrm{m/s}$$

单程流速较低，为提高传热效果考虑采用多管程。按管程流速的推荐范围，选管程流速为 $u'=0.5\mathrm{m/s}$，所以管程数为

$$m=\frac{u'}{u}=\frac{0.5}{0.245}=2.04\approx2 \qquad \text{取双管程}$$

(3) 确定管子在管板上的排列方式

因管程为双程，故采用组合排列法，即每程内均按正三角形排列，隔板两侧采用正方形排列。

管子与管板采用焊接结构。

管心距取 $a=1.25d_o=1.25\times25=31.25\approx32\mathrm{mm}$

隔板两侧相邻管心距 $a_c=44\mathrm{mm}$

(4) 壳体内径的确定

采用多管程结构，壳体内径可按式(3-16)估算。取管板利用率 $\eta=0.8$，则壳体内径为：

$$D=1.05a\sqrt{\frac{n}{\eta}}=1.05\times32\times\sqrt{\frac{105}{0.8}}=385\mathrm{mm}$$

按壳体标准圆整取 $D=400\mathrm{mm}$。

换热器长径比 $\frac{l}{D}=\frac{3}{0.4}=7.5$，在推荐范围内，可卧式放置。

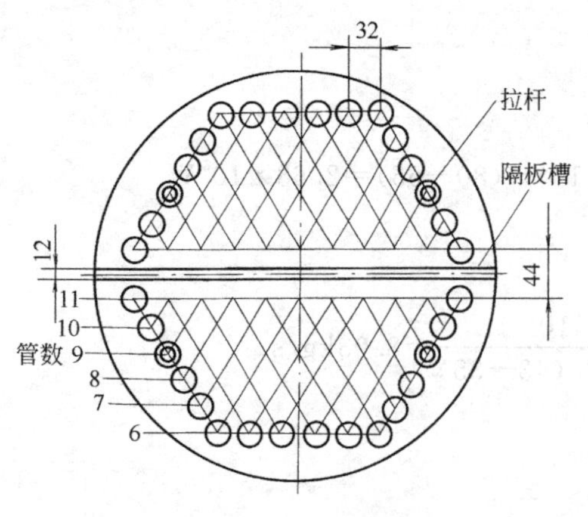

图 3-29　管板布置图

(5) 绘管板布置图确定实际管子数目

管板布置如图 3-29 所示。

由管板布置图知，实际排管数为 102 根，扣除 4 根拉杆，则实际换热管为 98 根。

参考表 3-6，取管板厚度为 40mm，设管子与管板焊接时伸出管板长度为 3mm，所以换热器的实际传热面积

$$A = n\pi d_o(l-2\times0.04-2\times0.003)$$
$$=98\times3.14\times0.025\times(3-2\times0.04-2\times0.003)$$
$$=22.4\ m^2$$

管程实际流速 $u_i=\dfrac{q_V}{\dfrac{n}{m}\times\dfrac{\pi}{4}d_i^2}=\dfrac{\dfrac{8.03}{992.6}}{\dfrac{98}{2}\times\dfrac{3.14}{4}\times0.02^2}=0.526m/s$

管程实际流速在推荐范围内。

(6) 折流挡板

采用弓形折流板，取弓形折流板圆缺高度为壳体内径的 25%，则切去圆缺高度为：

$$h=0.25\times400=100mm$$

因壳程为单相清洁流体，所以折流板缺口水平上下布置。缺口向上的折流板底部开一90°小缺口，以便停车时排净器内残液。

取折流板间距 $B=150mm$（$0.2D<B<D$）。

折流板数 $N_B=\dfrac{换热管长}{折流板间距}-1=\dfrac{3000}{150}-1=19$（块）

(7) 其他附件

按表 3-12 和表 3-13 选拉杆直径为 16mm，拉杆数量为 4 根，拉杆布置如附图所示。

(8) 接管

① 管程流体进出口接管。取管内流速 $u=1.8m/s$

则接管内径 $d_1=\sqrt{\dfrac{4q_V}{\pi u}}=\sqrt{\dfrac{4\times\dfrac{8.03}{992.6}}{3.14\times1.8}}=0.0757\ m$

按管子标准圆整，取管程流体进出口接管规格为 $\phi83mm\times3.5mm$ 无缝钢管。

② 壳程流体进出口接管。取管内流速 $u=1.8m/s$

则接管内径 $d_2=\sqrt{\dfrac{4q_V}{\pi u}}=\sqrt{\dfrac{4\times\dfrac{21000}{3600\times828.6}}{3.14\times1.8}}=0.0706m$

按管子标准圆整，取壳程流体进出口接管规格为 $\phi76mm\times3mm$ 无缝钢管。

6. 换热器校核

Ⅰ 传热面积校核

(1) 传热温度差的校正

计算 P 和 R

$$P=\frac{t_2-t_1}{T_1-t_1}=\frac{43-35}{80-35}=0.178$$

$$R=\frac{T_1-T_2}{t_2-t_1}=\frac{80-55}{43-33}=3.125$$

根据 P、R 值，查温差校正系数图 3-3，$\varphi_{\Delta t}=0.96$，因 $\varphi_{\Delta t}>0.8$，所以选用单壳程可行。

$$\Delta t_m=\varphi_{\Delta t}\Delta t_{m逆}=0.96\times27.6=26.5℃$$

(2) 总传热系数 K 的计算

① 管内传热膜系数

$$Re=\frac{du\rho}{\mu}=\frac{0.02\times0.526\times992.6}{0.67\times10^{-3}}=15585$$

$$Pr=\frac{c_p\mu}{\lambda}=\frac{4.174\times10^3\times0.67\times10^{-3}}{0.632}=4.42$$

按式（3-19）计算。

流体被加热，取 $n = 0.4$

$$\alpha_i=0.023\frac{\lambda}{d_i}Re^{0.8}Pr^{0.4}=0.023\times\frac{0.632}{0.02}\times15585^{0.8}\times4.42^{0.4}$$
$$=2977\text{W}/(\text{m}^2\cdot℃)$$

② 管外传热膜系数

按式（3-21）计算。

$$\alpha_o=0.36\frac{\lambda}{d_e}Re^{0.55}Pr^{1/3}\left(\frac{\mu}{\mu_w}\right)^{0.14}$$

管子按正三角形排列，则传热当量直径为

$$d_e=\frac{4\left(\frac{\sqrt{3}}{2}t^2-\frac{\pi}{4}d_o^2\right)}{\pi d_o}=\frac{4\left(\frac{\sqrt{3}}{2}\times0.032^2-\frac{3.14}{4}\times0.025^2\right)}{3.14\times0.025}=0.02\ \text{m}$$

壳程流通截面积

$$S=BD\left(1-\frac{d_o}{t}\right)=0.15\times0.4\times\left(1-\frac{0.025}{0.032}\right)=0.0131\text{m}^2$$

壳程流体流速

$$u=\frac{q_V}{S}=\frac{\frac{21000}{3600\times828.6}}{0.0131}=0.537\text{m/s}$$

$$Re=\frac{d_eu\rho}{\mu}=\frac{0.02\times0.537\times828.6}{0.352\times10^{-3}}=25282$$

$$Pr=\frac{c_p\mu}{\lambda}=\frac{1.841\times10^3\times0.352\times10^{-3}}{0.129}=5.02$$

壳程中苯被冷却，取 $\left(\frac{\mu}{\mu_w}\right)^{0.14}=0.95$

$$\alpha_o=0.36\times\frac{0.129}{0.02}\times25282^{0.55}\times5.02^{1/3}\times0.95=991.7\text{W}/(\text{m}^2\cdot℃)$$

③ 污垢热阻和管壁热阻

查附录六，管内、外侧热阻分别取：$R_i=2.0\times10^{-4}\text{m}^2\cdot℃/\text{W}$，$R_o=1.72\times10^{-4}\text{m}^2\cdot℃/\text{W}$。已知管壁厚度 $\delta=0.0025\text{m}$；取碳钢导热系数 $\lambda=45.4\ \text{W}/(\text{m}\cdot℃)$。

④ 总传热系数 K

总传热系数 K 为

$$K=\frac{1}{\frac{d_o}{\alpha_id_i}+R_i\frac{d_o}{d_i}+\frac{\delta d_o}{\lambda d_m}+R_o+\frac{1}{\alpha_o}}$$
$$=\frac{1}{\frac{25}{2977\times20}+0.0002\times\frac{25}{20}+\frac{0.0025\times25}{45.4\times22.5}+0.000172+\frac{1}{991.7}}$$
$$=523.2\ \text{W}/(\text{m}^2\cdot℃)$$

(3) 传热面积校核

所需传热面积 $$A'=\frac{Q}{K\Delta t_m}=\frac{2.68\times10^5}{523.2\times26.5}=19.3\text{m}^2$$

前已算出换热器的实际传热面积 $A=22.4\text{m}^2$，则

$$\frac{A}{A'}=\frac{22.4}{19.3}=1.16$$

说明该换热器有16%的面积裕度，在10%～25%范围内，能够完成生产任务。

Ⅱ 壁温的计算

换热管壁温可由下式估算

$$t_w=\frac{\alpha_1 T_m+\alpha_2 t_m}{\alpha_1+\alpha_2}$$

已知 $\alpha_1=\alpha_o=991.7\text{W}/(\text{m}^2\cdot℃)$；$\alpha_2=\alpha_i=2977\text{W}/(\text{m}^2\cdot℃)$；$T_m=0.4T_1+0.6T_2=0.4\times80+0.6\times55=65℃$；$t_m=0.4t_2+0.6t_1=0.4\times43+0.6\times35=38.2℃$

换热管平均壁温为

$$t_w=\frac{991.7\times65+2977\times38.2}{991.7+2977}=44.9℃$$

壳体壁温可近似取为壳程流体的平均温度，即 $T_w=65℃$。壳体壁温与传热管壁温之差为

$$\Delta t=65-44.9=20.1℃$$

该温差小于50℃，故不需设置温差补偿装置。

Ⅲ 核算压力降

(1) 管程压力降

$$\sum\Delta p_i=(\Delta p_1+\Delta p_2)F_t N_s N_p$$

已知 $F_t=1.4$；$N_s=1$；$N_p=2$；$u_i=0.526\text{m/s}$；$Re_i=15585$（湍流）。对于碳钢管，取管壁粗糙度 $\varepsilon=0.1\text{mm}$

$$\frac{\varepsilon}{d_i}=\frac{0.1}{20}=0.005$$

由 λ-Re 关系图中查得 $\lambda=0.036$

$$\Delta p_1=\lambda\frac{l}{d_i}\frac{\rho u_i^2}{2}=0.036\times\frac{3}{0.02}\times\frac{992.6\times0.526^2}{2}=741.5\text{Pa}$$

$$\Delta p_2=3\left(\frac{\rho u_i^2}{2}\right)=3\times\left(\frac{992.6\times0.526^2}{2}\right)=411.9\text{Pa}$$

$\sum\Delta p_i=(741.5+411.9)\times1.4\times2=3229.5\text{Pa}<10\text{kPa}$

(2) 壳程压力降

已知 $F_s=1.15$；$N_s=1$，有

$$\sum\Delta p_o=(\Delta p'_1+\Delta p'_2)F_s N_s$$

$$\Delta p'_1=Ff_o b(N_B+1)\frac{\rho u_o^2}{2}$$

管子按正三角形排列 $F=0.5$，$b=1.1\sqrt{n}=1.1\sqrt{102}=11.1$

折流挡板间距 $B=0.15\text{m}$

折流挡板数 $N_B=19$

壳程流通截面积 $S'=B(D-bd_o)=0.15(0.4-11.1\times0.025)=0.0184\text{m}^2$

壳程流速 $u_o=\frac{q_V}{S'}=\frac{21000}{3600\times828.6\times0.0184}=0.383\text{m/s}$

$$Re_o=\frac{d_o u_o \rho}{\mu}=\frac{0.025\times0.383\times828.6}{0.352\times10^{-3}}=2.25\times10^4>500$$

$$f_o=5.0Re_o^{-0.228}=5.0\times(2.25\times10^4)^{-0.228}=0.509$$

所以 $\Delta p'_1=0.5\times0.509\times11.1\times(19+1)\times\frac{828.6\times0.383^2}{2}=3434\text{Pa}$

$$\Delta p'_2=N_B\left(3.5-\frac{2B}{D}\right)\frac{\rho u_o^2}{2}$$

$$=19\times\left(3.5-\frac{2\times0.15}{0.4}\right)\times\frac{828.6\times0.383^2}{2}=3175\text{Pa}$$

$$\sum\Delta p_o=(3434+3175)\times1.15\times1=7600\text{Pa}<10\text{kPa}$$

计算结果表明，管程和壳程的压力降均能满足设计要求。

第四章 填料吸收塔工艺设计

气体的吸收是以适当的液体（吸收剂）处理气体混合物，并使气体混合物进行分离的一种操作，是化学工业中应用非常广泛的一种单元操作。

用于吸收的塔设备类型很多，有填料塔、板式塔、鼓泡塔、喷洒塔等。由于填料塔具有结构简单、阻力小、加工容易，可用耐腐蚀材料制作，吸收效果好，装置灵活等优点，故在化工、环保、冶炼等工业吸收操作中应用较普遍。如硝酸、硫酸吸收塔，二氧化硫、氨、氯和二氧化碳回收塔等多为填料塔。特别是近年由于性能优良的新型散装和规整填料的开发，塔内件结构和设备的改进，改善了填料层内气液相的均布与接触情况，使填料塔的负荷通量加大，阻力降低，效率提高，操作弹性大，放大效应减少，促使填料塔的应用日益广泛。

填料吸收塔的设计，在保证实现工艺指标的前提下，要求结构尺寸合理、价格低廉，能耗省，操作故障少，维修方便等。在设计过程中必须加以考虑。

填料塔的结构见图 4-1。主要包括塔体、塔填料和塔内件三大部分。本节只讨论有关填料吸收塔的工艺设计，即选定流程方案、吸收剂、填料类型，塔径计算，填料层高度计算以及填料塔流体力学校核，并对填料塔的辅助结构进行选型与估算。

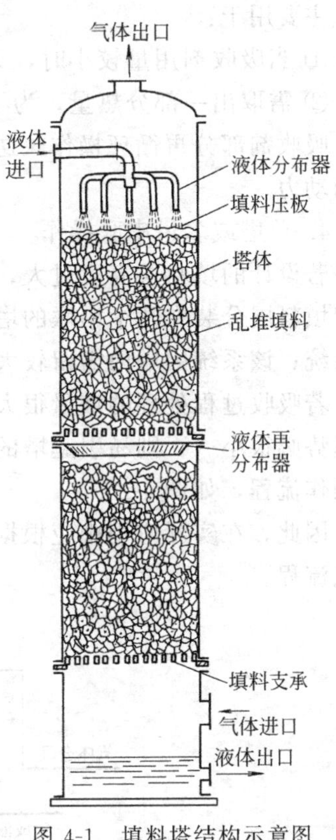

图 4-1 填料塔结构示意图

第一节 设计方案的选定

一、布置工艺流程

吸收装置的工艺流程布置指气体和液体进出吸收塔的流向安排。主要有以下几种。

1. 逆流操作

气相自塔底进入塔顶排出，液相反向流动，即为逆流操作。逆流操作时平均推动力较大，吸收剂利用率高，分离程度高，完成一定分离任务所需传质面积较小，工业上大多采用逆流操作。

2. 并流操作

气液两相均从塔顶流向塔底。在以下情况下可采用并流操作。

（1）易溶气体的吸收 气相中平衡曲线较平坦时，流向对吸收推动力影响不大，或处理的气体不需要吸收很完全。

（2）吸收剂用量特别大　逆流操作易引起液泛。此种系统不受液流限制，可提高操作气速以提高生产能力。

3. 吸收剂部分再循环操作

对吸收设备的布置经常考虑吸收剂是否需要再循环的问题。在逆流操作系统中，用泵将吸收塔排出的一部分液体经冷却后与补充的新鲜吸收剂一同送回塔内，即为部分再循环操作。主要用于：

① 当吸收剂用量较小时，为了提高塔的液体喷淋密度以充分润湿填料；

② 需取出一部分热量，为了控制塔内温度提高。

吸收剂部分再循环操作较逆流操作的平均吸收推动力要低，还需要安置循环泵，消耗额外的动力。

4. 单塔或多塔串联操作

若设计的填料层高度过大，或由于所处理物料等原因需经常清理填料，为了便于维修，可把填料层分装在几个串联的塔内，每个吸收塔通过的吸收剂和气体量都相同，即为多塔串联系统；该系统因塔内需留较大空间，输液、喷淋、支承板等辅助装置增加，使设备投资加大。

若吸收过程处理的液量很大，如果用通常的流程，则液体在塔内的喷淋密度过大，操作气速势必很小（否则易引起塔的液泛），塔的生产能力很低。实际生产中可采用多塔串联吸收操作流程，如图 4-2。

因此，在实际应用中应根据生产任务，工艺特点，结合各种流程以及优缺点选择适宜的工艺流程。

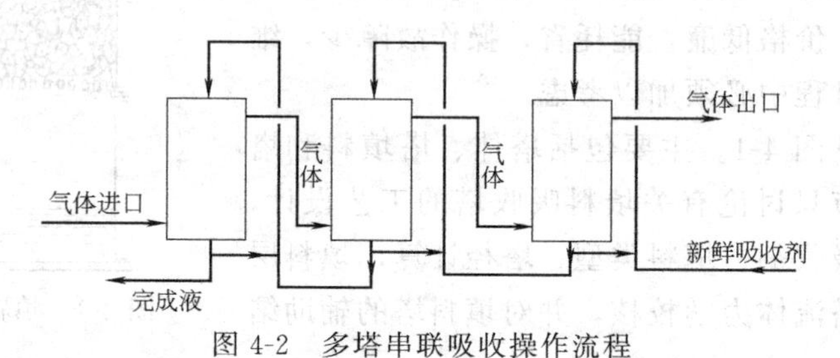

图 4-2　多塔串联吸收操作流程

二、选择适宜的吸收剂

吸收操作，如果目标产物是气体，则气体的进出口浓度和流量是已知的，而吸收剂需设计者选择。吸收剂性能的优劣，是决定吸收操作效果的关键之一，选择吸收剂时应着重考虑以下几方面。

① 溶解度要大。以提高吸收速率并减少吸收剂的需用量。

② 选择性要好。对溶质组分以外其他组分的溶解度要很低或基本不吸收。

③ 挥发度要低。以减少吸收和再生过程中吸收剂的挥发损失。

④ 操作温度下吸收剂应具有较低的粘度，且不易产生泡沫，以实现吸收塔内良好的气液接触状况。

⑤ 对设备腐蚀性小或无腐蚀性，尽可能无毒。

⑥ 另外要考虑到价廉、易得、化学稳定性好，便于再生、不易燃烧，经济和安全等因素。

一般说来，任何一种吸收剂都难以满足以上所有要求，选用时应针对具体情况和主要矛盾，既考虑工艺要求又兼顾到经济合理性。工业上常用吸收剂列表于 4-1。

表 4-1 工业常用吸收剂

溶质	吸收剂	溶质	吸收剂
氨	水、硫酸	硫化氢	碱液、砷碱液、有机吸收剂
丙酮蒸气	水	苯蒸气	煤油、洗油
氯化氢	水	丁二烯	乙醇、乙腈
二氧化碳	水、碱液、碳酸丙烯酯	二氯乙烯	煤油
二氧化硫	水	一氧化碳	铜氨液

三、操作温度与压力

大多数物理吸收，气体溶解过程是放热的。温度降低可提高溶质组分的溶解度，即减少吸收剂液面上溶质的平衡分压，有利于吸收。但操作温度低限应由吸收系统的具体情况决定。例如水洗 CO_2 吸收操作中用水量极大，吸收温度主要由水温决定，而水温取决于大气温度，故应考虑夏季循环水温高时补充一定量地下水以维持适宜温度。

操作总压力提高，溶质气体分压亦提高，加大吸收过程的推动力，减少吸收剂的单位耗用量，有利于吸收操作，但能耗及设备材料等将增加，因此需结合具体工艺条件综合考虑以确定操作压力。

四、吸收剂用量

吸收剂用量可以根据填料塔的进、出口浓度进行物料衡算。以逆流操作为例，令：

V_B ——惰性气体通过塔截面的摩尔流速，kmol/(m^2.s)；

L_S ——吸收剂通过塔截面的摩尔流速，kmol/(m^2.s)；

Y ——任一截面的混合气体中溶质与惰性气体的摩尔比，kmol(溶质)/kmol(惰性气体)；

X ——任一截面的溶液中溶质与吸收剂的摩尔比，kmol(溶质)/kmol(吸收剂)；

下标 1 代表塔底，下标 2 代表塔顶。

如图 4-3，对全塔进行物料衡算，即

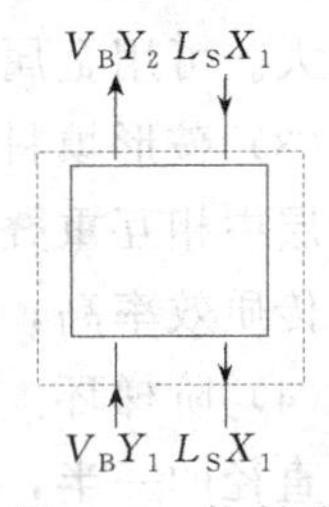

图 4-3 物料衡算图

$$V_B(Y_1-Y_2)=L_S(X_1-X_2) \tag{4-1}$$

$$L_S=\frac{V_B(Y_1-Y_2)}{X_1-X_2} \tag{4-2}$$

或

$$V_B=\frac{L_S(X_1-X_2)}{Y_1-Y_2} \tag{4-3}$$

第二节 填料选择

填料的选择是填料塔设计最重要的环节之一。一般要求所用的填料具有较大的通量，较低的压降，较高的传质效率，同时操作弹性大，性能稳定，能满足物系的腐蚀性、污堵性、热敏性等特殊要求；而且要求填料的强度高，便于拆装、检修；另外考虑填料的价格要低廉。

为此填料应具有较大的比表面积，较高的空隙率，结构要敞开，死角空隙小，液体的再分布性能好，对填料的类型、尺寸、材质选择合理。

一、填料类型

现代工业填料按形状和结构可分为颗粒型填料和规整填料两大类型。

（一）颗粒型填料

颗粒型填料（乱堆填料）一般为湿法和干法乱堆的散装填料。几种填料的外形如图4-4所示。

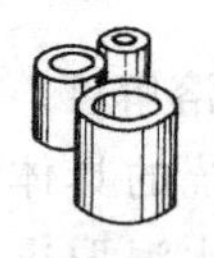

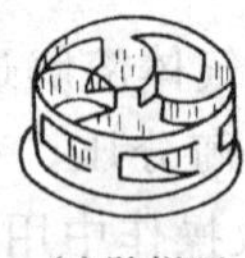
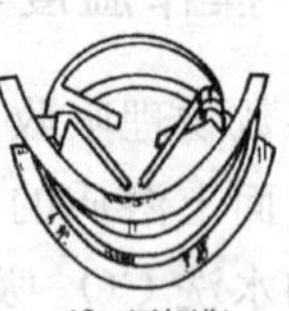

(a) 拉西环　(b) 鲍尔环　(c) 弧鞍　(d) 矩鞍　(e) 阶梯环　(f) 环矩鞍

图 4-4　几种填料的外形

（1）拉西环　是应用最早最典型的一种填料，如图4-4（a）所示。其结构简单，制造容易，价格低廉，可用陶瓷、钢材、硅、有色金属、塑料等多种材料制造。但拉西环在塔内易产生壁流效应和内部沟流等缺点，其通量与传质效率均逊于其他颗粒填料，目前在工业上应用日趋减少。

（2）鲍尔环　是在拉西环的壁面上加开一层或二层长方形内弯的小窗，如图4-4（b）所示。与拉西环相比，鲍尔环由于环壁开孔，对气流的阻力小，通量大，传质效率高，操作弹性大。可用金属、塑料、陶瓷制造，是性能优良的一种填料，但价格较拉西环高。

（3）鞍形填料　有弧鞍填料和矩鞍填料两种，如图4-4（c）、（d）所示。矩鞍填料在填料床层中相互重叠部分比弧鞍填料明显少，床层均匀，空隙率大，对气流的阻力较拉西环小，传质效率高，多用陶瓷制造。

（4）阶梯环　是近年来新开发的一种填料，如图4-4（e）所示。阶梯环圆筒部分的高度仅为直径的一半，圆筒一端有向外翻卷的喇叭口，其高度为全高的1/5。阶梯环与鲍尔环相似，环上开有窗孔，环内有两层十字形翅片，两层翅片交叉45°。传质效率高。

（5）金属环矩鞍　填料如图4-4（f）所示，它是介于开孔环填料与矩鞍填料之间的一种新型颗粒填料。它既有类似开孔环形填料的圆形开孔和内伸舌片，又有类似矩鞍填料的侧面，使其侧壁极开放，有利于气液通过，内部滞液死角极少，填料层内液体分布状况改善，壁流减少，气流阻力小，通量大，效率提高。

一般来说，颗粒环形填料具有通量大的优点，但其液体的再分布性能较差，鞍形填料具有较好的液体分布性能，但通量较小，鞍环类（如金属环矩鞍）填料则是综合环形和鞍形填料优点的综合性能优于鲍尔环和阶梯环的一种新型填料。以下列出几种常用填料的特性数据供选用，如表4-2～表4-5所示。

表 4-2　国内鲍尔环特性数据

材质	外径 d/mm	高×厚 /mm	比表面积 a_t/(m²/m³)	空隙率 ε/(m³/m³)	个数 n/(个/m³)	堆积密度 ρ_p/(kg/m³)	干填料因子 (a_t/ε^3)/m^{-1}	填料因子 Φ/m^{-1}
金属	16	15×0.8	239	0.928	143000	216	299	400
	38	38×0.8	129	0.945	13000	365	153	140
	50	50×1	112.3	0.949	6500	395	131	130

续表

材质	外径 d/mm	高×厚 /mm	比表面积 $a_t/(m^2/m^3)$	空隙率 $\varepsilon/(m^3/m^3)$	个数 n/(个/m^3)	堆积密度 $\rho_p/(kg/m^3)$	干填料因子 $(a_t/\varepsilon^3)/m^{-1}$	填料因子 Φ/m^{-1}
塑料	16	16.7×1.1	188	0.911	111840	141	249	423
	25	24.2×1	194	0.87	53500	101	294	320
	38	38.5×1	155	0.89	15800	98	220	200
	50	48×1.8	106.4	0.90	7000	87.5	146	120
	76	76×2.6	73.2	0.92	1927	70.9	94	62
陶瓷	16	25×12×22	378	0.71	270000	686	1055	1000
	25	40×20×3.0	200	0.772	58230	544	433	300
	38	60×30×4	131	0.804	19680	502	252	270
	50	75×45×5	103	0.782	8710	538	216	122

表 4-3　国内矩鞍填料的特性数据

材质	公称尺寸 d/mm	外径×高×厚 /mm	比表面积 $a_t/(m^2/m^3)$	空隙率 $\varepsilon/(m^3/m^3)$	个数 n/(个/m^3)	堆积密度 $\rho_p/(kg/m^3)$	干填料因子 $(a_t/\varepsilon^3)/m^{-1}$	填料因子 Φ/m^{-1}
塑料	16	24×12×0.69	461	0.806	365000	167	879	1000
	25	38×19×1.05	283	0.847	97680	133	473	320
	76		200	0.882	3700	104.4	289	96
金属	25	—	—	0.967	163425			134.5
	40			0.973	50140			82.02
	50			0.78	14685			52.5
	70			0.981	4625			42.6

表 4-4　国内阶梯环特性数据

材质	外径 d/mm	外径×高×厚 /mm	比表面积 $a_t/(m^2/m^3)$	空隙率 $\varepsilon/(m^3/m^3)$	个数 n/(个/m^3)	堆积密度 $\rho_p/(kg/m^3)$	干填料因子 $(a_t/\varepsilon^3)/m^{-1}$	填料因子 Φ/m^{-1}
塑料	25	25×17.5×1.4	228	0.90	81500	97.8	313	240
	38	38×19×1	132.5	0.91	27200	57.5	175.6	130
	50	50×30×1.5	121.8	0.915	9980	76.8	159	80
	76	76×37×3	89.95	0.929	3420	68.4	112	72
金属	38	38×19×0.8	140	0.958	28900	159	159	161
	50	50×25×1	114	0.949	12500	377	133	137

表 4-5　国内阶梯环特性数据

公称尺寸 /mm	腰径×高×厚 /mm	比表面积 $a_t/(m^2/m^3)$	空隙率 ε	堆积个数 n/(个/m^3)	堆积密度① $\rho_p/(kg/m^3)$	干填料因子 $(a_t/\varepsilon^3)/m^{-1}$
*DG*76	76×60×1.2	57.6	0.97%	3320	244.7	63.1
*DG*50	50×40×1.0	74.9	0.96%	10400	291.0	84.7
*DG*38	38×30×0.8	112.0	0.96%	24680	365.0	126.6
*DG*25(铝)	25×20×0.6	185.0	0.96%	101160	119.0	209.1

① 金属材质填料堆积密度 ρ_p，除注明外，仅对碳钢和不锈钢适用，若用同样厚度的其他板材时，对铜乘以 1.14，对铝乘以 0.34；对镍、蒙乃尔合金乘以 1.14。

金属环矩鞍的填料因子按下式计算

$$\lg\varphi = M + NL_{喷} \tag{4-4}$$

式中　$L_{喷}$——液体喷淋密度，$m^3/(m^2 \cdot h)$。

计算金属环矩鞍填料因子的常数 M 及 N 值如表 4-6 所示。

表 4-6 M 及 N 值

公称尺寸/mm	M	N	公称尺寸/mm	M	N
$DG76$	1.56	0.00	$DG38$	1.97	0.0060
$DG50$	1.83	0.0098	$DG25$	2.14	0.00072

(二) 规整填料

规整填料（组合填料、预制成型填料）是由若干形状和几何尺寸相同单元组成的填料，以整砌方式装填在塔内。有波纹填料、格栅填料、绕卷填料等多种。目前工业应用最广的是波纹填料，包括波纹网和波纹板填料。

(1) 波纹网填料　由平行丝网波纹片垂直排列组装而成，网片波纹方向与塔轴一般成 30°或 45°的倾角，相邻网片的波纹倾斜方向相反，使波纹片之间形成系列相互交错的三角形通道，相邻两盘成 90°交叉放置，如图 4-5 所示。直径小于 1500mm 的塔用整体填料盘，直径大于 1500mm 的塔采用分块式填料，由人孔将填料块送入塔内后组装成盘。

波纹网填料可用不锈钢、黄铜、磷青铜、碳钢、镍、蒙乃尔合金等金属丝网和聚丙烯腈、聚四氟乙烯等塑料丝网制作，一般用 60～100 目丝（不宜低于 40 目）。由于其材料细薄，结构规整紧凑，故空隙率大、比表面积大、气流通量大而阻力较小。又因液体在网体表面易形成稳定而薄的液膜，故填料表面润湿率高，在填料中气液两相混合充分，故效率高、放大效应小；其操作范围也较宽，持液量很小。

(2) 波纹板填料　波纹板填料与波纹网填料的结构相同，可用多种金属、塑料及陶瓷板材制造，其价格较波纹网低，刚度较大。

以上两类规整填料均适用于精馏、吸收、解吸等单元操作。而波纹网填料更适用于热敏性、难分离或要求产品纯度高的物系分离，尤其是高真空精馏分离。

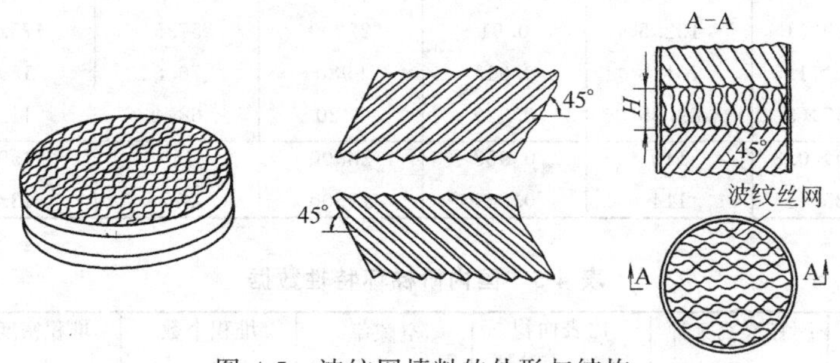

图 4-5　波纹网填料的外形与结构

波纹网与波纹板填料的特性数据与性能应用，列表于 4-7 及表 4-8。

表 4-7　各种波纹填料的特性数据

名　称	填料材质	型号	材　料	比表面积/(m^2/m^3)	当量直径/mm	倾斜角	空隙率/(m^3/m^3)	堆积密度/(kg/m^3)
波纹网填料	金属丝网	AX　BX	不锈钢	250	15	30°	0.95	1250
				500	7.5	30°	0.90	2500
	塑料丝网	CY　BX	聚丙烯	700	5	45°	0.85	3500
				450	7.5	30°	0.85	1200

续表

名　称	填料材质	型号	材　料	比表面积/(m^2/m^3)	当量直径/mm	倾斜角	空隙率/(m^3/m^3)	堆积密度/(kg/m^3)
波纹板填料	金属薄板或塑料薄板	250Y	碳钢、不锈钢、铝、聚氯乙烯、乙烯等	250	15	45°	0.97	2000(板厚0.2mm)
	陶瓷薄板	BY	陶瓷	450	6	30°	0.75	5500

表 4-8　各种波纹填料的基本性能与应用

填料类型	气体负荷因子 F/$(m/s)(kg/m^3)^{1/2}$	每理论板压降/10^{-1}kPa	每米理论板数	持液量	操作压力/10^{-1}kPa	适　用　范　围
AX	2.5～3.5	～0.3	2.5	2%	1～1000	要求处理量大与理论板不多的蒸馏
BX	2～2.4	0.3	5	4%	1～1000	热敏性、难分离物系的真空精馏，含有机物废气处理
CY	1.3～2.4	0.5	10	6%	50～1000	同位素分离，要求大量理论板的有机物蒸馏，高度受限制的塔器
塑性丝网填料 BX	2～2.4	～0.45	～5	8%～15%	1～1000	低温（<80℃）下吸收，脱除强嗅味物质，回收溶剂
波纹板(Mellapak)250Y	2.25～3.5	0.75	2.5	3%～5%	>100	中等真空度以上压力及有污染的有机物蒸馏；常压和高压吸收(解吸)；改造填料塔及部分板式塔；重水最终分离装置；用作静态混合器单元

颗粒（散装）填料与规整填料的选择，需根据工艺要求、填料性能特点以及经济等因素进行。表 4-9 列举出两大类填料的几种比较，仅供参考。

表 4-9　两大类填料的比较

参　　数	颗粒填料(金)50mm 鲍尔环	金属波纹网填料 BX 型	金属波纹板填料(Mellapak)250Y
气体负荷因子 F	2	2.4	2.5
理论板/m	1～2	5	2.5
(压降理论板)/Pa	15～20	3.0～5.3	5.3～12

二、填料要求

1. 填料尺寸

颗粒填料尺寸直接影响塔的操作和设备投资。一般同类型填料随尺寸减小分离效率提高，但填料层对气流的阻力增加，通量减少，对具一定生产能力的塔，填料的投资费用将增加；而较大尺寸的填料用于小直径塔中，将产生气液分布不良、气流短路和严重的液体壁流等问题，降低塔的分离效率。

实践证明，塔径与填料外径尺寸之比（简称径比 D/d）有一个下限值，若 D/d 低于此下限值时，塔壁附近的填料层空隙率大而不均匀，气流易走短路，液体壁流剧增。

各种填料的径比（D/d）下限为

拉西环　　20～30　　（最小不低于 8～10）

鲍尔环　　10～15　　（最小不低于 8）

鞍形填料　　15　　（最小不低于 8）

对一定塔径而言，满足径比下限的填料可能有几种尺寸，需根据填料性能及经济因素选定。一般推荐，当塔径 $D \leqslant 300$mm 时，选用 25mm 的填料；$300\text{mm} \leqslant D \leqslant 900$mm 时，选用 25～38mm 的填料；$D \geqslant 900$mm 时，选用 50～70mm 的填料。

2. 填料的材质

填料的材质应根据物料的腐蚀性、材料的耐腐蚀性、操作温度并综合填料性能及经济因素选用。常用材质有金属、陶瓷或塑料。主要金属材质有碳钢、1Cr18Ni9Ti 不锈钢、铝和铝合金、低碳合金钢等。塑料材质主要有聚乙烯、聚丙烯、聚氯乙烯及其增强塑料和其他工程塑料等。塑料填料耐蚀性能较好，质量轻，价格适中，但耐温性及润湿性较差，故多用于操作温度较低的吸收、水洗等装置。瓷质材料耐蚀性强，一般陶瓷能耐除氢氟酸以外的各种无机酸、有机酸及各种有机溶剂的腐蚀；对强碱介质可采用耐碱瓷质填料，其价格便宜但质脆易碎。

一般操作温度较高而物系无显著腐蚀性时，可选用金属环矩鞍或金属鲍尔环等填料；若温度较低时可选用塑料鲍尔环、塑料阶梯环填料：若物系具有腐蚀性、操作温度较高时，则宜采用陶瓷矩鞍填料。

第三节　填料吸收塔工艺计算

一、物料衡算与操作线方程

（一）物料衡算

逆流吸收塔，以惰性气体和吸收剂为基准，物料恒算式为

$$V_B(Y_1-Y_2)=L_S(X_1-X_2) \tag{4-5}$$

式中　L_S——吸收剂流量，kmol/h；

V_B——不含溶质的惰性体气体流量，kmol/h；

Y、X——分别为气相和液相的物质的量比（比摩尔）。

（二）操作线方程

$$Y=\frac{L_S}{V_B}X+\left(Y_2-\frac{L_S}{V_B}X_2\right) \tag{4-6}$$

式（4-6）标绘在 X-Y 坐标图上即为吸收操作线，该线的斜率为（L_S/V_B），通过（X_1，Y_1）与（X_2，Y_2）两点。

二、最小吸收剂用量与吸收剂用量

（一）最小吸收剂用量 $L_{S,min}$

$$L_{S,min}=V_B\frac{Y_1-Y_2}{X_1^*-X_2} \tag{4-7}$$

式中　$L_{S,min}$——最小吸收剂量，kmol/h；

X_1^*——为与 Y_1 平衡的液相组成。

若气、液两相浓度很低，平衡关系符合亨利定律，也可用下式计算：

$$L_{S,min}=V_B\frac{Y_1-Y_2}{\left(\frac{Y_1}{m}\right)-X_2} \tag{4-8}$$

若气液平衡线为上凸形，则式（4-7）中的 X_1^* 应换为操作线与平衡线切点处，与切点气相组成 Y_e 相平衡的液相组成 X_e^*（物质的量比）。

（二）吸收剂用量

吸收剂的用量 L_S 直接影响吸收塔的尺寸、塔底液相浓度及操作费用，故应从设备、操作费及工艺要求权衡决定。一般经验数据 $L_S=(1.1\sim2.0)L_{S,\min}$。

【例 4-1】 由矿石焙烧炉出来的气体进入填料吸收塔中用水洗涤以除去其中的 SO_2，炉气量 $1000m^3/h$，炉气温度为20℃，炉气中含 SO_2 9%（体积分数），其余可视为惰性气体（其性质认为与空气相同）。要求 SO_2 的回收率为95%，吸收剂用量为最小用量的1.5倍。已知操作压为101.33kPa，温度为20℃。在此条件下 SO_2 在水中的溶解度如图4-6所示。

（1）当吸收剂入塔组成 $X_2=0.0004$ 时，吸收剂的用量（kg/h）及离塔溶液组成 X_1。

（2）吸收剂若为清水，即 $X_2=0$，回收率不变。出塔溶液组成 X_1 为多少？此时吸收剂用量比（1）项中的用量大还是小？

解 由 y_1 换算成 Y_1

$$Y_1=\frac{y_1}{1-y_1}=\frac{0.09}{1-0.09}=0.099\text{kmol}(SO_2)/\text{kmol}(\text{惰性气体})$$

因为 吸收率 $\eta=95\%$

则 $Y_2=Y_1(1-\eta)=0.099(1-0.95)=0.005\text{kmol}(SO_2)/\text{kmol}(\text{惰性气体})$

惰性气体流量 $V_B=\dfrac{1000}{22.4}\cdot\dfrac{273}{293}(1-0.09)=37.85\text{kmol}(\text{惰性气体})/h$

$$=0.0105\text{kmol}(\text{惰性气体})/s$$

从气液平衡图可以查得与 Y_1 相平衡的液体组成

$$X_1^*=0.0032\text{kmol}(SO_2)/\text{kmol}(H_2O)$$

（1）当 $X_2=0.0004$ 时

$$\left(\frac{L_S}{V_B}\right)_{\min}=\frac{Y_1-Y_2}{X_1^*-X_2}=\frac{0.099-0.005}{0.0032-0.0004}=\frac{0.094}{0.0028}=33.6$$

$$\frac{L_S}{V_B}=1.5\left(\frac{L_S}{V_B}\right)_{\min}=1.5\times33.6=50.4$$

$$L_S=V_B\times50.4=37.85\times50.4\times18=34337.5\text{kg/h}$$

$$\frac{L_S}{V_B}=\frac{Y_1-Y_2}{X_1-X_2}$$

$$X_1=\frac{Y_1-Y_2}{\dfrac{L_X}{V_B}}+X_2=\frac{0.099-0.005}{50.4}+0.0004$$

$$=0.0023\text{kmol}(SO_2)/\text{kmol}(H_2O)$$

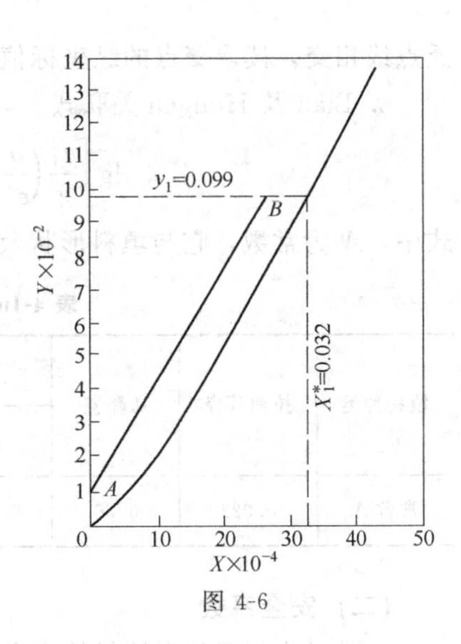

图 4-6

（2）当 $X_2=0$，η 不变，Y_2 不变

$$\left(\frac{L_S}{V_B}\right)_{\min}=\frac{Y_1-Y_2}{X_1^*-0}=\frac{0.099-0.005}{0.0032-0}=29.38$$

$$L_S=1.5\times V_B\times\left(\frac{L_S}{V_B}\right)_{\min}$$

$$=1.5\times37.85\times29.38\times18$$

$$=30024.9\text{kg/h}$$

$$X_1=\frac{Y_1-Y_2}{\dfrac{L_S}{V_B}}+X_2=\frac{0.099-0.005}{1.5\times 29.38}+0$$

$$=0.0021\text{kmol}(SO_2)/\text{kmol}(H_2O)$$

讨论：

由（1）、（2）计算结果可以看到，在维持相同回收率的情况下，吸收剂所含溶质浓度降低，溶剂量减少，出口溶液浓度降低。所以吸收剂再生时应尽可能完善，但还应兼顾解吸过程的经济性。

三、塔径计算

填料塔直径依混合气体处理量以及所选适宜气速按下式计算。

$$D=\sqrt{\frac{4V_S}{\pi u}} \tag{4-9}$$

式中　V_S——操作条件下混合气体流量，m^3/s；

　　u——适宜空塔气速 m/s（u=安全系数×泛点气速 u_f）。

（一）泛点气速 u_f 的计算

填料塔的泛点气速与气液流量、物系性质及填料类型、尺寸等因素有关，其计算方法很多，目前工程计算常采用 Eckert 通用压降关联图或 Bain 及 Hougen 关联式计算泛点气速 u_f。

1. 通用压降关联图

如图 4-7 所示。根据气液相流量及密度算出横坐标$\frac{L'}{V'}\left(\frac{\rho_G}{\rho_L}\right)^{1/2}$值。其垂线与乱堆填料的泛点线相交，读取交点的纵坐标值。由已知参数从纵标式中解出气速即为液泛气速 u_f。

2. Bian 及 Hougen 关联式

$$\lg\left[\frac{u_f^2}{g}\left(\frac{a}{\varepsilon^3}\right)\left(\frac{\rho_G}{\rho_L}\right)\mu_L^{0.2}\right]=A-\left(\frac{L'}{V'}\right)^{1/4}\left(\frac{\rho_G}{\rho_L}\right)^{1/8} \tag{4-10}$$

式中，A 为常数，它与填料形状及材质有关，常用 A 值列表于 4-10。

表 4-10　Bain 及 Hougen 关联式中常数值

填料种类	拉西环瓷	弧鞍瓷	矩鞍		鲍尔环		阶梯环		
			瓷	金属	塑料	金属	瓷	塑料	金属
常数 A	0.022	0.26	0.176	0.0623	0.0942	0.100	0.0294	0.204	0.106

（二）安全系数

一般工业装置常用填料的安全系数值如下所示。

填料	安全系数
拉西环	60%～80%
矩鞍及鲍尔环填料	60%～85%

对有起泡倾向的物系，安全系数可取 45%～55%。也可根据生产条件，由可允许的压力降反算出适宜的气速。

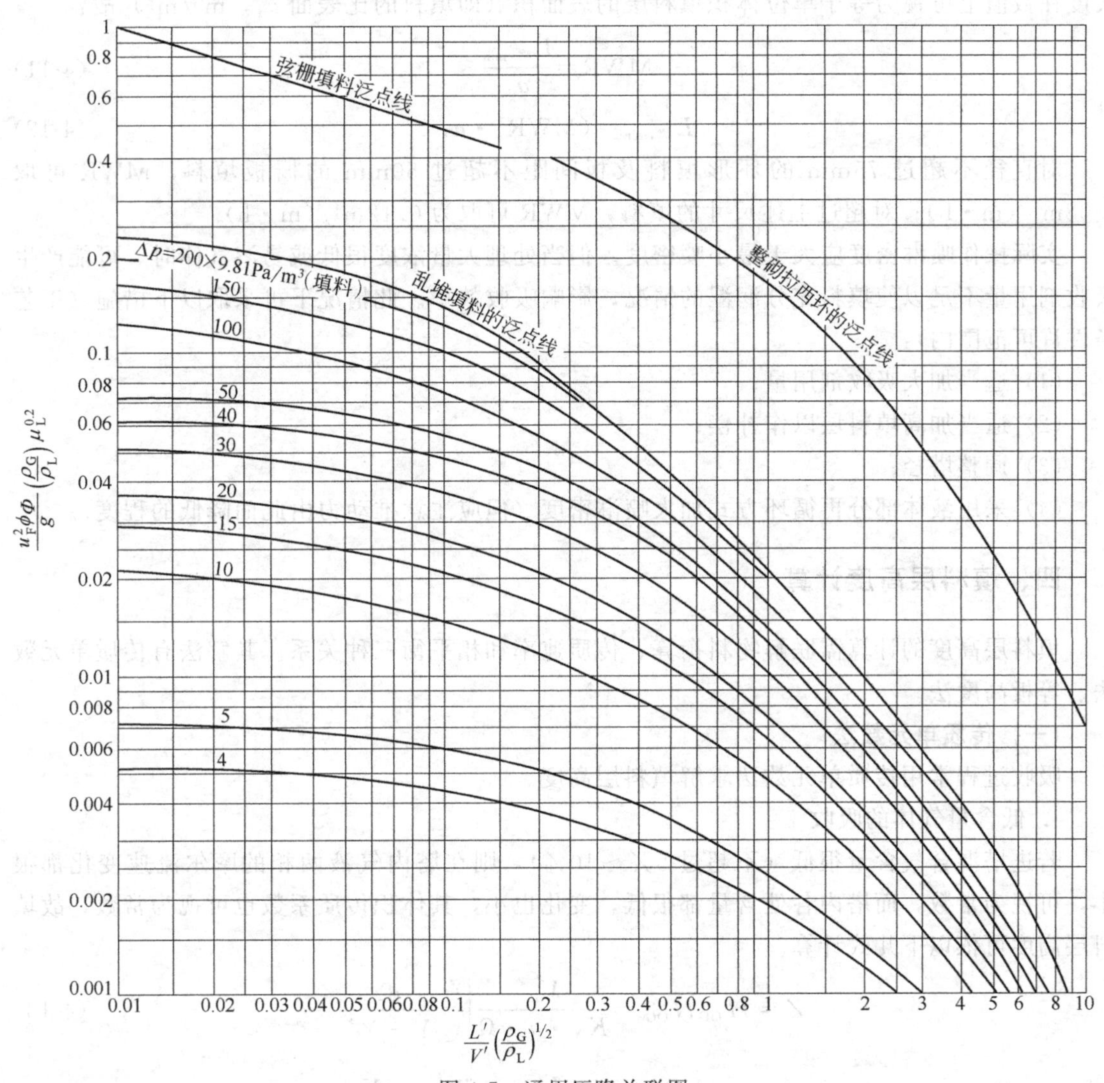

图 4-7　通用压降关联图

(三) 填料塔一般操作气速范围

吸收系统	操作气速/(m/s)	吸收系统	操作气速/(m/s)
气体溶解度很大的吸收过程	1～3.0	纯碱溶液吸收二氧化碳过程	1.5～2.0
气体溶解度中等或稍小的吸收过程	1.5～2.0	一般除尘	1.8～2.8
气体溶解度低的吸收过程	0.3～0.8		

注：若液体喷淋密度较大，则操作气速远低于上述气速值。

根据上述方法计算的塔径如不是整数时，应按压力容器公称直径标准进行圆整。

(四) 填料塔喷淋密度的校核

吸收剂用量及塔径确定后，还应校核液体的喷淋密度。为使填料表面充分润湿，应保证喷淋密度高于最小喷淋密度 $L_{喷\min}$。一般最小喷淋密度 $L_{喷\min}$ 可取 5～12m³/(m²·h)。

Morris 和 Jackson 推荐采用最小润湿速率（MWR）值。

最小润湿率是单位填料层周边长度上液体的体积流速。由于普通填料单位填料层的周边长度在数值上可视为等于单位体积填料层的表面积（即填料的比表面 a_t，m^2/m^3）故：

$$MWR=\frac{L_{喷,min}}{a_t} \tag{4-11}$$

$$L_{喷,min}=(MWR)\cdot a_t \tag{4-12}$$

对直径不超过 75mm 的环形填料及板间距不超过 50mm 的栅板填料，MWR 可取 $0.08m^3/(m\cdot h)$；对超过上述尺寸的填料，MWR 可取为 $0.12m^3/(m\cdot h)$。

实际操作喷淋密度应大于最小喷密度。但当处理大量浓度很低或易溶气体时，可能产生吸收剂用量不足以使填料充分润湿的情况，影响吸收效率。此情况下可采取以下措施（工艺条件许可范围内）：

(1) 适当加大吸收剂用量；

(2) 适当加高填料层以作补偿；

(3) 调整塔径；

(4) 采用液体部分再循环方式加大喷淋密度（但应注意推动力由此而降低的程度）。

四、填料层高度计算

填料层高度的计算需联解物料衡算、传质速率和相平衡三种关系。其解法有传质单元数法、等板高度法。

（一）传质单元数法

吸收过程常用传质单元数法求解填料层高度。

1. 低含量气体的吸收

若进塔混合气含量很低（不超过 5%～10%），则在塔内气液两相的摩尔流速变化都很小，可视为常数，而塔内各处含量都很低，变化也小，其体积传质系数也可视为常数，故填料层高度可依以下几式计算。

$$Z=H_{OG}N_{OG}=\frac{V_B}{K_Y\cdot a\cdot \Omega}\int_{Y_2}^{Y_1}\frac{dY}{Y-Y^*} \tag{4-13}$$

$$Z=H_{OL}N_{OL}=\frac{L_S}{K_X\cdot a\cdot \Omega}\int_{X_2}^{X_1}\frac{dX}{X^*-X} \tag{4-14}$$

$$Z=H_GN_G=\frac{V_B}{k_y\cdot a\cdot \Omega}\int_{y_2}^{y_1}\frac{dy}{y-y_i} \tag{4-15}$$

$$Z=H_LN_L=\frac{L_S}{k_x\cdot a\cdot \Omega}\int_{x_2}^{x_1}\frac{dx}{x_i-x} \tag{4-16}$$

式中　Z——填料层高度，m；

H_{OG}、H_{OL}——分别为气液相的总传质单元高度，m；

N_{OG}、N_{OL}——分别为气液相总传质单元数；

H_G、H_L——分别为气相及液相传质单元高度，m；

N_G、N_L——分别为气相及液相传质单元数；

$K_Y\cdot a$、$K_X\cdot a$——分别为气相液相体积吸收总系数，$kmol/(m^3\cdot s)$；

$k_y\cdot a$、$k_x\cdot a$——分别为气液相体积吸收分系数，$kmol/(m^3\cdot s)$；

Y^*——为气液相界面处气相中溶质的物质的量比(摩尔比)，kmol/kmol(惰气)；

X^*——为气液相界面处液相中溶质的物质的量比(摩尔比),kmol/kmol(吸收剂);

V_B——惰性气体流量，kmol/s;

L_S——吸收剂流量，kmol/s;

Ω——塔截面积，m^2。

应用以上填料层高度计算式时，应注意传质推动力与传质系数的对应关系。由于分传质推动力（$y-y_i$）或（x_i-x）中的界面浓度的求取较繁，故通常仍采用总传质单元数与总传质单元高度计算填料层高度。

（Ⅰ）传质单元数

(1) 图解积分法　图解积分是用于各种类型平衡线和操作线求解传质单元数（N_{OG} 或 N_{OL}）的一种普遍方法。它是根据式 $N_{OG}=\int_{Y_2}^{Y_1}\frac{dY}{Y-Y^*}$ 计算被积函数曲线下的面积求得 N_{OG}。求解步骤简述如下。

① 在 X-Y 坐标图中绘出平衡线 OE 与操作线 TB 如图 4-8（a）所示。

② 在进出塔气相浓度 Y_1-Y_2 范围内依次找出若干塔截面上的 Y 与 Y^* 对应值，列出与对应的关系表。

③ 以 Y 对 $\frac{1}{Y-Y^*}$ 值作图，得 Y-$\frac{1}{Y-Y^*}$ 的函数曲线，如图 4-8（b）所示。

④ 在 $Y=Y_1$、$Y=Y_2$、$\frac{1}{Y-Y^*}=0$ 与函数曲线之间所包围的面积即为 $\int_{Y_2}^{Y_1}\frac{1}{Y-Y^*}$ 的定积分值，也就是气相总传质单元数 N_{OG}。

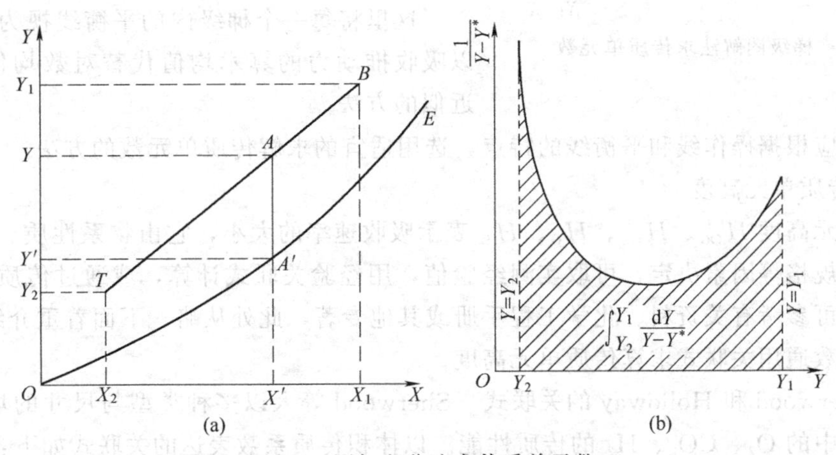

图 4-8　图解积分法求传质单元数

对液相总传质单元数 N_{OL}、气膜传质单元数 N_G、液膜传质单元数 N_L 的解法同上。

(2) 解析法　对数平均推动力法。若在吸收过程所涉及浓度范围内，平衡关系可用 $Y^*=mX+b$ 表达，操作线也为直线时，可根据塔顶、塔底两端的吸收推动力求取全塔吸收推动力的平均值，从而求得总传质单元数，即

$$N_{OG}=\int_{Y_2}^{Y_1}\frac{dY}{Y-Y^*}=\frac{Y_1-Y_2}{\Delta Y_m} \tag{4-17}$$

$$N_{OL}=\int_{X_2}^{X_1}\frac{dX}{X^*-X}=\frac{X_1-X_2}{\Delta X_m} \tag{4-18}$$

ΔY_m——为气相对数平均浓度差；

$$\Delta Y_m=\frac{(Y_1-Y_1^*)-(Y_2-Y_2^*)}{\ln\frac{(Y_1-Y_1^*)}{(Y_2-Y_2^*)}} \tag{4-19}$$

ΔX_m——为液相对数平均浓度差。

$$\Delta X_m=\frac{(X_1^*-X_1)-(X_2^*-X_2)}{\ln\frac{(X_1^*-X_1)}{(X_2^*-X_2)}} \tag{4-20}$$

(3) 近似梯级法(梯级图解法) 若在所涉及的浓度范围内,平衡关系为直线或弯曲度不大的曲线,可采用较简便的近似梯级法求解传质单元数。

此法是在 Y-X 坐标图中，在平衡线 OE 与操作线 BT 两线段间作若干铅垂线，如 BB', AA', TT'等，它们表示相应塔截面上的气相推动力 $(Y-Y')$。在诸线上取中点联线 MN，如图 4-9 所示。自代表塔顶端的 T 点起，作水平线 TF'，与 MN 线交于 F 点，并令 $TF=FF'$。过 F'作垂线交操作线于 A 点。按上法依次作作梯级直至塔顶端 B 点。每一个梯级代表一个传质单元，总传质单元数即为所求 N_{OG}。

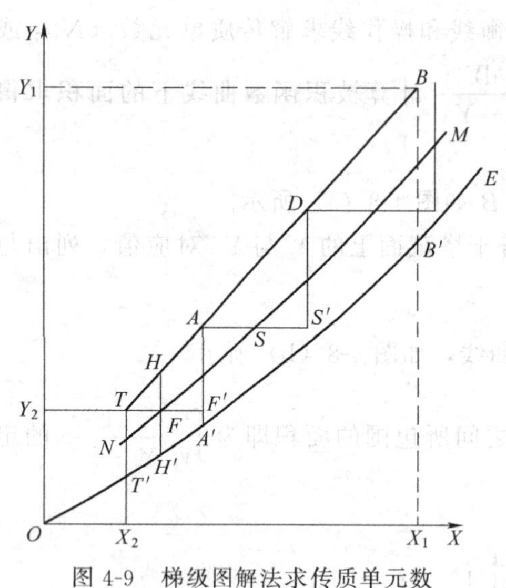

图 4-9 梯级图解法求传质单元数

这里将每一个梯级内的平衡线视为一段直线，以吸收推动力的算术均值代替对数均值，故视为近似的方法。

设计中应根据操作线和平衡线的特点，选用适宜的求解传质单元数的方法。

(Ⅱ) 传质单元高度

传质单元高度 H_{OG}、H_{OL}、H_G、H_L 表示吸收速率的大小，它由物系性质、操作条件、填料类型及规格等因素决定，可取实测经验值，用经验关联式计算，或通过传质系数计算。前两种方法可参考有关资料、化学工程手册或其他专著，此处从略。下面着重介绍填料塔常用的传质系数通用关联式求算传质单元高度。

(1) Sherwood 和 Holloway 的关联式 Sherwood 等人以多种类型与尺寸的填料研究以空气脱吸水中的 O_2、CO_2、H_2 的传质性能。以体积传质系数表达的关联式如下：

$$H_L=\frac{1}{2}\left(\frac{L_G}{\mu_L}\right)^n\left(\frac{\mu_L}{\rho_L D_L}\right)^{1/2} \tag{4-21}$$

$$\frac{k_L\cdot a}{D_L}=\alpha\left(\frac{L_G}{\mu_L}\right)^{1-n}\left(\frac{\mu_L}{\rho_L D_L}\right)^{1/2} \tag{4-22}$$

式中 D_L——气体在液体中的扩散系数，m^2/h；

μ_L——液体粘度，kg/(m·h)；

α、n——分别为常数，其值列于表 4-11。

(2) 恩田等人的关联式 恩田等人将填料的润湿表面 a_w 视为有效传质表面 a，分别提出传质系数与润湿表面的关联式，然后将润湿表面与传质系数合并为体积传质系数。

表 4-11　不同填料的 α、n 值

填料类型	尺寸/mm	物系	α	n
瓷拉西环	50	CO_2、H_2、O_2 水溶液脱吸	341	0.22
	38	CO_2、H_2、O_2 水溶液脱吸	384	0.22
	25	CO_2、H_2、O_2 水溶液脱吸	426	0.22
	12.5	CO_2、H_2、O_2 水溶液脱吸	1392	0.35
	10	CO_2、H_2、O_2 水溶液脱吸	3117	0.46
	38	CO_2、水溶液脱吸	426	0.26
	25	CO_2、水溶液脱吸	402	0.20
瓷矩鞍	38	CO_2、水溶液脱吸	406	0.24
	25	CO_2、水溶液脱吸	339	0.22
	16	CO_2、水溶液脱吸	524	0.25
瓷弧鞍	38	CO_2、H_2、O_2 水溶液脱吸	732	0.28
	25	CO_2、H_2、O_2 水溶液脱吸	778	0.28
	12.5	CO_2、H_2、O_2 水溶液脱吸	686	0.20
瓷短拉西环	25	CO_2、水溶液	435	0.20
	16	CO_2、水溶液	878	0.29
	50(井)①	CO_2、水溶液	1337	0.36
塑料鲍尔环	50(米)②	CO_2、水溶液脱吸	499	0.26
塑料鲍尔环	50	CO_2、水溶液脱吸	792	0.30
塑料梯环	25	CO_2、水溶液脱吸	760	0.29
塑料矩鞍	38	CO_2、水溶液脱吸	461	0.25
金属鲍尔环	16	CO_2、水溶液脱吸	694	0.27

① 井——井字形塑料鲍尔环

② 米——米字形塑料鲍尔环

① 有效表面积

$$\frac{a_w}{a_t}=1-\exp\left\{-1.45\left(\frac{\sigma_c}{\sigma}\right)^{0.75}\left(\frac{L_G}{a_t\mu_L}\right)^{0.1}\left(\frac{L_G^2a_t}{\rho_L^2\cdot g}\right)\left(\frac{L_G^2}{\rho_L\sigma a_t}\right)^{0.2}\right\} \tag{4-23}$$

式中　a_w、a_t——分别为单位体积填料层的润湿表面及总表面积，m^2/m^3；

σ、σ_c——分别为液体的表面张力及填料材质的临界表面张力，N/m，不同材质的 σ_c 值见表 4-12，σ/σ_c 是考虑填料材质被液体润湿能力不同引入的比值；

μ_L——液相的粘度，Pa·s；

L_G——液相的质量流率，$kg/(m^2\cdot s)$。

表 4-12　不同材质的 σ_c 值

材质	钢	陶瓷	聚乙烯	聚氯乙烯	碳	玻璃	涂石蜡的表面
表面张力/($N/m\times10^{-3}$)	75	61	33	40	56	73	20

② 液相传质系数 k_L

$$k_L=0.0051\left(\frac{L_G}{a_w\mu_L}\right)^{2/3}\left(\frac{\mu_L}{\rho_L D_L}\right)^{-1/2}\left(\frac{\mu_L g}{\rho_L}\right)^{1/3}(a_t d_p)^{0.4} \tag{4-24}$$

③ 气相传质系数 k_G

$$k_G=5.23\left(\frac{V_G}{a_t\mu_G}\right)^{0.7}\left(\frac{\mu_G}{D_G\rho_G}\right)^{1/3}\left(\frac{a_t D_G}{RT}\right)(a_t d_p) \tag{4-25}$$

式中　L_G、V_G——分别为液相与气相质量流量，kg/(m²·s)；

D_L、D_G——溶质在液相和气相中的扩散系数，(m²·s)；

μ_L、μ_G——液相与气相的粘度，Pa·s；

R——气体常数，8.314kJ/(kmol·K)；

$a_t d_p$——是由填料类型与尺寸决定的无因次数，d_p 是填料的名义尺寸。$a_t d_p$ 值可按填料的特性数据计算，也可以按表 4-13 取值。

其他符号与前同

表 4-13　各类填料的 $a_t d_p$ 值

填料类型	$a_t d_p$	填料类型	$a_t d_p$
圆　球	3.4	弧鞍	5.6
圆　棍	3.5	鲍尔环（陶瓷）	5.9
拉西环	4.7		

式（4-23）与式（4-24）因次上都是一致的，各物理量用因次一致的数值表示即可。

2. 高含量气体的吸收

高含量（一般>10%）气体的吸收，因气液流率沿塔高变化明显，溶解效应大，气液温升，平衡线斜率 m 也将沿塔高改变。气液相吸收分系数 k_y 与 k_x 并非常数，总吸收系数 K_y、K_x 变化更显著，因此，高含量气体吸收计算远较低含量气体吸收复杂。为了计算方便，一般采用 y，x 及吸收分系数表达。

(1) 高含量气体吸收的气液平衡关系参见非等温吸收平衡线的确定。

(2) 填料层高度的计算一般可采用近似计算式：

$$Z=\frac{V_m}{k_y a'\cdot\Omega}\left(\int_{y_2}^{y_1}\frac{dy}{y-y_i}+\frac{1}{2}\ln\frac{1-y_2}{1-y_1}\right)=H_G N_G \tag{4-26}$$

$$Z=\frac{V_m}{k_y a'\cdot\Omega}\left(\int_{y_2}^{y_1}\frac{dy}{y-y^*}+\frac{1}{2}\ln\frac{1-y_2}{1-y_1}\right)=H_{OG} N_{OG} \tag{4-27}$$

$$Z=\frac{L_m}{K_x a\cdot\Omega}\left(\int_{x_2}^{x_1}\frac{dx}{x^*-x}\right)=H_{OL} N_{OL} \tag{4-28}$$

式（4-24）可用于液膜控制系统。$K_y a'\doteq k_y a'$，$y-y^*\doteq y-y_i$

式（4-25）可用于气膜控制系统。$K_x a\doteq k_x a$　$H_{OL}=\dfrac{L_m}{K_x a\Omega}$，$N_{OL}=\displaystyle\int_{x_2}^{x_1}\frac{dx}{x^*-x}$

式（4-6）可用于气液阻力均不能忽略的情况。式中 $k_y a'$ 是考虑漂流因子的影响的气体吸收分离系数。

$$k_y a'=k_y a(1-y)_m$$

$$(1-y)_m=\frac{1}{2}[(1-y)+(1-y_i)]$$

$$H_{OG}=\frac{V_m}{k_y a'\Omega}$$　可取塔顶，塔底的平均值。

(3) 总传质单元高度与分传质单元高度的关系

$$H_{OG}=H_G+\frac{H_L(1-x)_m}{A(1-y)_m} \tag{4-29}$$

式中　$(1-y)_m$——膜侧惰性气体浓度$(1-y)$与$(1-y_i)$的对数平均值；

$(1-x)_m$——为$(1-x)$与$(1-x^*)$的对数平均值。

近似计算中可用算术均值代替上述对数平均值。

(二) 等板高度法

填料层高度也可用理论板数（N_T）与等板高度（HETP）进行计算，即：

$$Z=N_T(\text{HETP})$$

1. 理论板数 N_T

吸收操作的理论板数 N_T 的求解可参见传质与分离技术教材。此处仅介绍低浓度气体吸收，平衡关系为直线时适用的克列姆塞尔解析法求 N_T，即：

$$\frac{Y_1-Y_2}{Y_1-Y_2^*}=\frac{A^{N_T+1}-A}{A^{N_T+1}-1} \tag{4-30}$$

$$N_T=\frac{1}{\ln A}\ln\left[\left(1-\frac{1}{A}\right)\frac{Y_1-Y_2}{Y_2-Y_2^*}+\frac{1}{A}\right] \tag{4-31}$$

若平衡线与直线稍有偏差，或沿塔高相平衡常数有些变化时，可取塔顶、塔底两截面上吸收因数 A 的几何均值进行计算。

2. 等板高度（HETP）

等板高度即相当于一块理论板的分离作用的填料层高度。由于影响填料层效能的因素十分复杂，一般用关联式计算的等板高度与实测值往往差别很大，故采用实测等板高度经验值计算填料层高度较为可靠。

对一般蒸馏系统常用填料的等板高度设计值可参考表 4-14。吸收塔的等板高度约为 1.5～1.8m。

表 4-14　常用填料的等板高度参考设计值

填料类型 \ 尺寸/mm	25	38	50
矩　鞍	430	550	750
鲍尔环	420	540	710
环矩鞍	430	530	650

五、填料层阻力

填料层的压降可分为干填料层压降和有喷淋情况的压降。干填料层的压降可视为气流通过多孔层的阻力，湍流时压降基本上与气速的平方成正比。有喷淋时，填料表面覆有液膜，其空隙率、比表面、流体力学状况均随气液流速的改变而发生变化，情况远较干填料层复杂。

填料层压降的计算方法有多种，本文主要介绍 Eckert 的压降通用关联图方法（见图 4-7）。该图中除液泛线外，还有许多等压线。由已知的参数（气液负荷、物性）及所用填料的压降填料因子 Φ_p（代替填料因子 Φ），计算出该图的纵坐标与横坐标值，查图读得相应压降曲线值，即为气流通过每米填料层的压降 Δp。

表 4-15 所列压降填料因子适用于 $10\text{m}^3/(\text{m}^2\cdot\text{h})<L_{喷}<80\text{m}^3/(\text{m}^2\cdot\text{h})$，误差一般为 ±20%。压降关联图是较通用的方法，其表达填料的泛点速度和压降简便实用、计算结果能满足工程实用要求，且可通过填料因子 Φ 值的大小定量比较不同填料塔的流体力学性能。

由于填料塔（特别是乱堆填料）的特性数据为宏观统计值，而填料层的压降与填料的装填方式、塔径大小、使用时间长短及操作状况等均有关，设计时应予注意。

表 4-15　压降填料因子

填料类型 \ 填料尺寸/ mm	16	25	38	50	76
金属鲍尔环	306		114	98	
金属环矩鞍		138	93.4	71	
金属阶梯环			118	83 125(米)①	36
塑料鲍尔环	343	232	114	110(井)②	62
塑料阶梯环		176	116	89	
瓷质矩鞍	700	215	140	160	
瓷质拉西环	1050	576	450	288	

① 米字形塑料鲍尔环。

② 井字形塑料鲍尔环。

六、填料吸收塔工艺设计框图

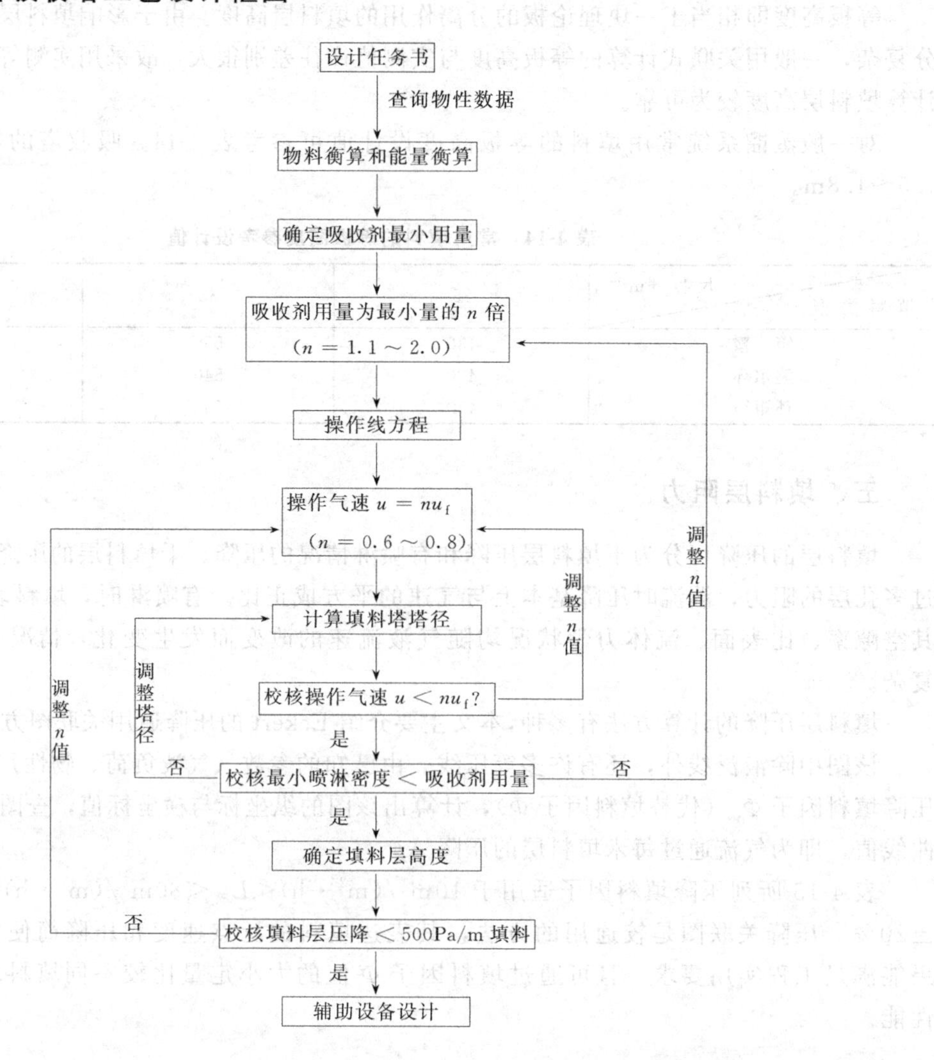

七、解吸与解吸塔

在化工生产中，吸收与解吸经常是同时进行的。通过解吸，除了可以回收较纯的吸收质组分外，还可回收利用吸收剂。对于一些大量耗用吸收剂的尾气净化吸收装置或消耗并非廉价的吸收剂时，循环利用吸收剂有很重要的经济价值。课程设计时，设计者应根据设计任务的具体情况考虑是否配置解吸塔。

常用的解吸方法有升温、减压、吹气，其中升温与吹气特别是升温与吹气同时使用最为常见。溶剂在吸收与解吸设备之间循环，其间的加热与冷却、泄压与加压必消耗较多的能量。如果溶剂的溶解能力差，离开吸收设备的溶剂中溶质浓度低，则所需的溶剂循环量必大，再生时的能量消耗也大。同样，若溶剂的溶解能力对温度变化不敏感，所需解吸温度较高，溶剂再生的能耗也将增大。

解吸塔设计类似于吸收塔的设计，只是传质过程的推动力方向相反。解吸塔的解吸效果将影响吸收塔的吸收效率，设计吸收塔时应考虑解吸塔的解吸能力。

第四节　填料塔的辅助构件

填料塔操作性能的好坏，与塔内辅助构件的选型和设计紧密相关。合理的选型与设计，可保证塔的分离效率、生产能力及压降要求。塔的辅助构件包括液体分布器、再分布器、填料支承板、填料压板等。

一、液体分布器

液体在填料塔顶喷淋的均匀状况是提供塔内气液均匀分布的先决条件，也是填料塔达到预期分离效果的保证。实践证明，为确保液体均匀分布，每 30～60cm^2 塔截面上应有一个液体喷淋点，大直径塔的喷淋点可以小点。

对液体分布器的选型与设计，一般要求：①液体分布要均匀；②自由截面率要大；③操作弹性大；④不易堵塞、不易引起雾沫夹带及起泡等；⑤可用多种材料制作，且制造安装方便，容易调整水平。

(一) 多孔型液体分布器

多孔型液体分布器系借助孔口以上的液层静压或泵送压力使液体通过小孔注入塔内。

1. 莲蓬式分布器

如图 4-10 (a) 所示，是开有许多小孔的球面分布器，液体借助泵或高位槽内液体压头经小孔喷出，喷洒半径的大小随液体压头和安装高度而异。莲蓬直径 d 为塔径的(1/3)～(1/5)，球面半径为塔径的 0.5～1.0，喷洒角小于 180°，孔径为 3～10mm。

此型分布器制造、安装较简单，送液压头稳定时喷洒均匀；但小孔易堵，适用于清洁物料，压头变化不大，直径在 600mm 以下的塔。

2. 直管式多孔分布器

这是结构最简单的管式分布器，如图 4-10 (b) 所示。根据液量的大小，在直管下方开 2～4 排对称的小孔，孔径与孔数由液体的流量范围所定，通常取孔径 2～6mm，孔的总面积与进液管截面积大致相等，喷雾角度根据塔径采用 30°或 45°，直管安装在填料层顶部以上约 300mm。此类型分布器用于塔径小于 600～800mm，对液体的均布要求不高的场合。

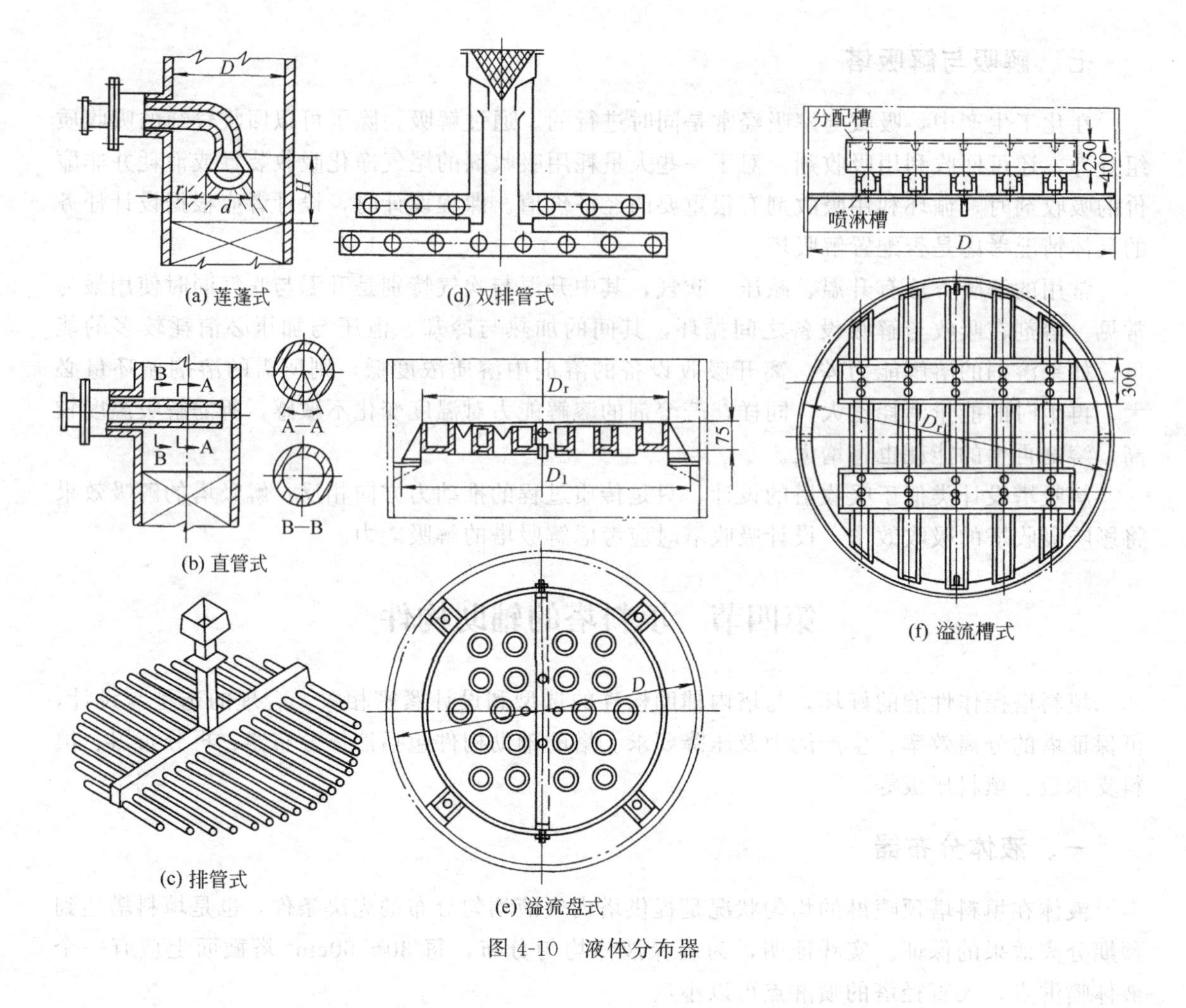

图 4-10　液体分布器

根据要求，也可采用环形管式多孔分布器。

3. 排管式多孔分布器

如图 4-10（c）所示，液体引入中心主管，借静压将液体分配入支管排，经支管小孔排出（若采用泵送液时则液体自主管一侧或两侧引入）。支管上孔径一般为 3～5mm，孔数依喷淋点要求决定。支管排数、管心距及孔心距依塔径和液体负荷调整。一般每根支管上可开 1～3 排小孔，孔中心线与垂直线的夹角可取 15°、22.5°、30°或 45°等，取决于液流达到填料表面时的均布状况。

主管与支管的管径由送液推动力决定，如用液柱静压送液，中间垂直管和水平主管内的流速取为 0.2～0.3m/s，支管流速取为 0.15～0.2m/s；采用泵送液则流速可提高。

4. 双排管式多孔分布器

液体负荷较大，且要求操作弹性较高时，应采用双排管多孔分布器，如图 4-10（d）所示。

此类型是在中间的主管上交错布置上下两层排管。在低负荷时，仅下层排管排液，随着液体负荷加大，一部分液体溢入上层排管，则上下两排管同时工作，由图可知，上层排管同样可在较高液柱静压下工作。

对在直径塔的筛孔孔径与布置应考虑流体阻力造成各支管排液量的差别，并应使开孔总面积小于或等于进料总管截面，使液体能满管流动。

以上两种排管多孔分布器是目前应用较广的分布器，其液体的分布点多且均布性好，能对气体提供较大的通道。它安装、拆卸方便、对规整填料与散装填料均适用，可用不锈钢、塑料等制作。但此型不宜用于含有杂质和悬浮物的体系。单排型操作弹性较小（2～2.5 左右），双排型弹性较大（可达 9 左右）。常用于液体负荷不太高，要求喷淋点数多的清洁物系。

（二）溢流型液体分布器

溢流型液体分布器系使进入分布器的液体超过堰口高度，依靠液体的重力由堰口流出并沿溢流管或溢流槽壁呈膜状流下淋洒到填料层上。

1. 溢流盘式液体分布器

如图 4-10（e）所示，它由底盘、溢流升气管及圈环组成。液体送至盘中心高于圈环上缘 50～200mm 处，最大液速为 3m/s。

溢流一升气管数应满足喷淋点数的要求，按三角形或正方形排列。溢流管直径大于 15mm，上开三角形缺口，管子下缘突出分布板以防液体偏流。

此类型分布器可用金属、塑料或陶瓷制造。因其分布盘为塔内径的 0.8～0.85 倍，自由截面较小，故适用于气液负荷较小的，直径小于 1200mm 的塔。

2. 溢流槽式分布器

如图 4-9（f）所示。此类型分布器是由若干个喷淋槽和置于其上的分配槽组成的。喷淋槽两侧有三角形或矩形堰口，堰口总数应满足喷淋点的要求；分配槽可设 1～3 个，取决于液体负荷。槽内液体流速不高于 0.24～0.3m/s，槽宽度大于 120mm，高度小于 350mm。因在塔截面各处要求送液量不同，从各分配槽送入喷淋槽的流量由分配槽底部的给液孔径和孔数调整。

溢流槽式分布器不易堵塞，可处理粘度大及含固体粒子的液体。其自由截面大，处理量大，适应性好，操作弹性大，适用于大直径塔。

分布器可分块，以便于通过人孔安装，可用金属、塑料或陶瓷制造。

二、液体再分布器

液体沿着填料（特别是拉西环）层下流时往往有逐渐靠塔壁方向集中的趋势，使总的传质效率大为下降。因此，当填料层高度与塔径之比超过某一数值时，每隔一定距离必须设置液体再分布装置，将填料层分段，以收集自上一填料层来的液体，为下一填料层提供均匀的液体分布。

填料层的分段高度 Z_S 与塔径 D、填料类型、尺寸和填料材质，液体分布器型式等因素有关，一般为：

拉西环：$Z_S=(2.3\sim3)D$　　下限为 1.5～2m，上限为 3～4.5m

鲍尔环、鞍形及其他新型填料：

$Z_S=(5\sim10)D$　　金属填料$\ngtr$6～7.5 m，塑料填料$\ngtr$ 3～4.5 m

规整填料的分段高度可大于乱堆填料。常用液体再分布器的形式如图 4-11 所示。

图 4-11(a)、(b)为两种截锥式再分布器。其中(a)型是将截锥体固定在塔壁上，其上下均可装满填料，锥体不占空间，是最简单的一种。(b)型是在锥体上方设支承板，锥体以下隔一段距离再放填料，需分段卸出填料时可用此型。

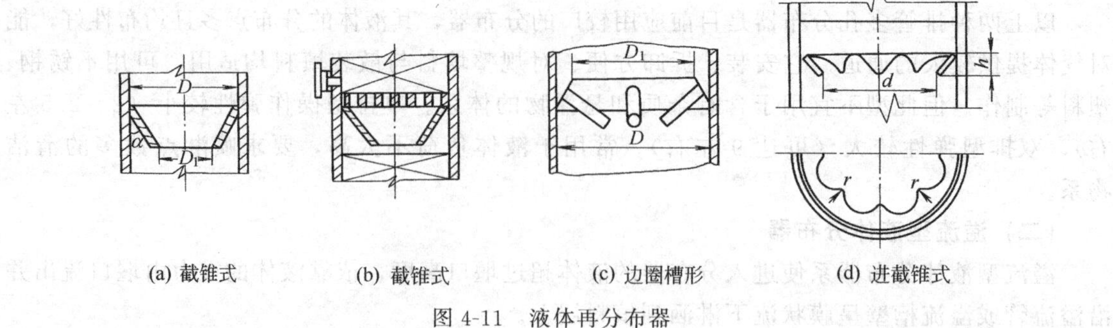

(a) 截锥式　(b) 截锥式　(c) 边圈槽形　(d) 进截锥式

图 4-11　液体再分布器

锥体与塔壁的夹角一般取为 35°～40°，锥体下口直径 $D_1=(0.7\sim0.8)D$。锥体型再分布器适于塔径为 800mm 以下。

图 4-11(c)为边圈槽形再分布器。壁流液汇集于边圈槽中，再由溢流管引入填料层。边槽宽度 50～100mm，由管径大小选取，溢流管直径为 16～32mm，一般取 3～4 根溢流管。此型结构简单，气体通过截面较大，可用于 300～1000mm 直径的塔中，其缺点是喷洒不够均匀。

图 4-11(d)为改进形分配锥，此型既改善了液体情况，又有较大的自由截面积，适用于塔径为 600mm 以下。

在对液体均布要求高的场合，也可采用盘式溢流分布器或其他类型装置作为液体再分布器。

三、填料支承装置

填料支承装置用于支承塔内填料及其所持有的气体、液体的质量，同时起着气液流道及气体均布作用。故要求支承板具有足够的强度、均匀开孔和大于填料空隙率的自由截面分率。若支承板上气液流动阻力太大，将影响塔的稳定操作甚至引起液泛。

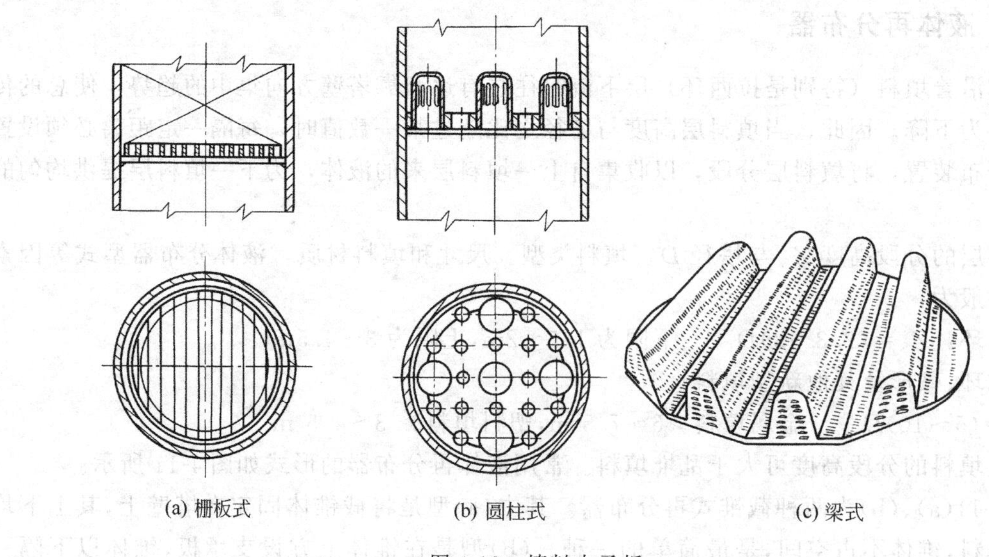

(a) 栅板式　(b) 圆柱式　(c) 梁式

图 4-12　填料支承板

支承板大体分为三类，一类为气液逆流通过的平板型支承板，板上有筛孔或为栅板式，如图 4-12（a）所示；另一类是气体喷射型，如图 4-12（b）为圆柱升气管式的气体喷射型支承板；图 4-12（c）为梁式气体喷射型支承板。

第五节　填料吸收塔的工艺设计计算举例

1. 设计任务和操作条件

试设计常压填料塔，以水作为吸收剂，丙酮为吸收质。任务及操作条件为：

① 混合气（空气、丙酮蒸气）处理量 $1500m^3/h$；

② 进塔混合气含丙酮体积分数 1.82%；相对湿度 70%；温度 35℃；

③ 进塔吸收剂（清水）的温度 25℃；

④ 丙酮回收率 90%；

⑤ 操作压力为常压。

2. 吸收工艺流程的确定

采用常规逆流操作流程，流程说明略。

3. 物料计算

（1）进塔混合气中各组分的量

近似取塔平均操作压力为 101.3kPa，故：

$$混合气量=1500\left(\frac{273}{273+35}\right)\times\frac{1}{22.4}=59.36\text{kmol/h}$$

$$混合气中丙酮量=59.36\times0.0182=1.08\text{kmol/h}$$

$$=1.08\times58=62.64\text{kg/h}$$

查附录，35℃饱和水蒸气压力为 5623.4Pa，则相对湿度为 70% 的混合气中含水蒸气量

$$=\frac{5623.4\times0.7}{101.3\times10^3-0.7\times5623.4}=0.0404\text{kmol(水气)/kmol(空气+丙酮)}$$

$$混合气中水蒸气的含量=\frac{59.36\times0.0404}{1+0.0404}=2.31\text{kmol/h}$$

$$=2.31\times18=41.58\ \text{kg/h}$$

$$混合气中空气量=59.36-1.08-2.31=55.97\ \text{kmol/h}$$

$$=55.97\times29=1623\ \text{kg/h}$$

（2）混合气进出塔（物质的量）组成

已知：$y_1=0.0182$，则

$$y_2=\frac{1.08\ (1-0.9)}{55.97+2.31+1.08\ (1-0.9)}=0.00185$$

（3）混合气进出塔（物质的量比）组成

若将空气与水蒸气视为惰气，则

$$惰气量=55.97+2.31=58.28\ \text{kmol/h}$$

$$=1623+41.58=1664.6\ \text{kg/h}$$

$$Y_1=\frac{1.08}{58.28}=0.0185\text{kmol(丙酮)/ kmol(惰气)}$$

$$Y_2=\frac{1.08(1-0.9)}{58.28}=0.00185\text{kmol(丙酮)/ kmol(惰气)}$$

(4)出塔混合气量

出塔混合气量=58.28+1.08×0.1=58.388 kmol/h

=1644.6+62.64×0.1=1670.8 kg/h

4. 热量衡算

热量衡算为计算液相温度的变化以判断是否为等温吸收过程。假设丙酮溶于水放出的热量全被水吸收,且忽略气相温度变化及塔的散热损失(塔的保温良好)。

查《化工工艺算图》第一册.常用物料物性数据,得丙酮的微分溶解热(丙酮蒸气冷凝热及对水的溶解热之和):

$$H_{d均}=30230+10467.5=40697.5\text{kJ/kmol}$$

吸收液(以水计)平均比热容 $c_L=75.366$ kJ/(kmol·℃),通过下式计算 t_n

$$t_n=t_{n-1}+\frac{H_{d均}}{c_L}(x_n-x_{n-1})$$

对低组成气体吸收，吸收液组成很低时，依惰性组分及比摩尔浓度计算方便，故上式可写成：$t_L=25+\dfrac{40697.6}{75.366}\Delta X$

即可在 $X=0.000\sim0.008^*$ 之间，设系列 X 值，求出相应 X 组成下吸收液的温度 t_L，计算结果列于表 4-16 第 1，2 列中。由表中数据可见，液相 X 变化 0.001 时，温度升高 0.54℃，依此求取平衡线。

表 4-16 各液相浓度下的吸收液温度及平衡数据

X	t_L/℃	E/kPa	m $(=E/p)$	$Y^*\times10^3$
0.000	25.00	211.5	2.088	0.000
0.001	25.54	217.6	2.148	2.148
0.002	26.08	223.9	2.210	4.420
0.003	26.62	230.1	2.272	6.816
0.004	27.16	236.9	2.338	9.352
0.005	27.70	243.7	2.406	12.025
0.006	28.24	250.6	2.474	14.844
0.007	28.78	257.7	2.544	17.808
0.008	29.32	264.96	2.616	20.928

注：1. 与气相 Y_1 成平衡的液相 $X_1=0.0072$，故取 $X_n=0.008$；

2. 平衡关系符合亨利定律，与液相平衡的气相含量可用 $Y^*=mX$ 表示；

3. 吸收剂为清水，$x=0$，$X=0$；

4. 近似计算中也可视为等温吸收。

5. 气液平衡曲线

当 $x<0.01$，$t=15\sim45$℃时，丙酮溶于水其亨利常数 E 可用下式计算：$\lg E=9.171-[2040/(t+273)]$

查《化工工艺算图》第一册．常用物料物性数据，由前设 X 值求出液温 t_L，通过上式计算相应 E 值，且 $m=\dfrac{E}{p}$，分别将相应 E 值及相平衡常数 m 值列于表 4-16 中的第 3，4 列。由 $Y^*=mX$ 求取对应 m 及 X 时的气相平衡组成 Y^*，结果列于表 4-16 中第 5 列。

根据 $X-Y^*$ 数据，绘制 $X-Y$ 平衡曲线 $0E$，如图 4-13 所示。

6. 吸收剂（水）的用量 L_S

由图 4-13 查出，当 $Y_1=0.0185$ 时，$X_1^*=0.0072$，依式（4-7）计算最小吸收剂用量 $L_{S,\min}$。

$$L_{S,\min}=V_B\frac{Y_1-Y_2}{X_1^*-X_2}=(58.28)\frac{(0.0185-0.00185)}{0.0072}$$

$$=134.8\text{kmol/h}$$

取安全系数为 1.8，则 $L_S=1.8\times134.8=242.6\text{kmol/h}$

$$=242.6\times18=4367\text{kg/h}$$

7．塔底吸收液 X_1

根据式（4-5）（物料衡算式）有

$$V_B(Y_1-Y_2)=L_S(X_1-X_2)$$

$$X_1=\frac{58.28(0.0185-0.00185)}{242.6}=0.004$$

8．操作线

根据操作线方程式（4-6）

$$\bar{Y}=\frac{L_S}{V_B}+\left(\bar{Y}_2-\frac{L_S}{V_B}X_2\right)=\frac{242.6}{58.28}X+0.00185$$

$$Y=4.162X+0.00185$$

由上式求得操作线绘于图 4-13 中，如 BT 所示。

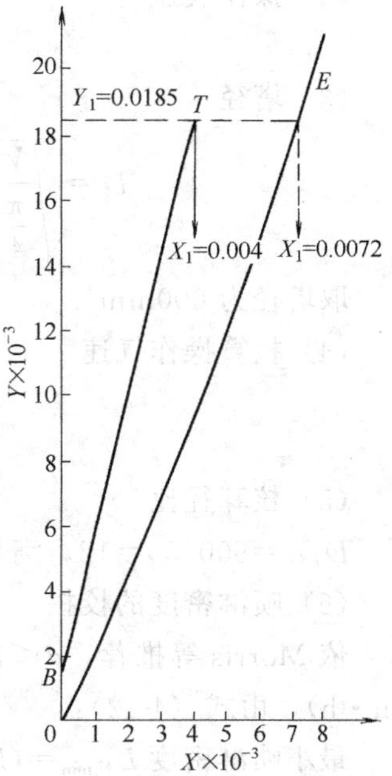

图 4-13　气液平衡线与操作线（丙酮-水）

9．塔径计算

塔底气液负荷大，依塔底条件：混合气 35℃，101.3kPa，从表中可知，吸收液 27.16℃计算。

$$D=\sqrt{\frac{V_S}{\frac{\pi}{4}u}}\qquad u=(0.6-0.8)u_f$$

(1)采用 Eckert 通用压降关联图法（图 4-7）计算泛点气速 u_f

① 有关数据计算

塔底混合气流量　　$V'_S=1623+62.64+41.58=1727\text{kg/h}$

吸收液流量　　$L'=4367+1.08\times0.9\times58=4423\text{kg/h}$

进塔混合气密度　$\rho_G=\frac{29}{22.4}\times\frac{273}{273+35}=1.15\text{kg/m}^3$（混合气含量低，可近似视为空气密度）

吸收液密度　　$\rho_L=996.7\text{kg/m}^3$

吸收液粘度　　$\mu_L=0.8543\text{mPa·s}$

经比较，选 DG50mm 塑料鲍尔环（米字筋）。查表 4-2，其填料因子 $\Phi=120\text{m}^{-1}$，比表面积 $a_t=106.4\text{m}^2/\text{m}^3$

② 关联图的横坐标值

$$\frac{L'}{V'}\left(\frac{\rho_G}{\rho_L}\right)^{1/2}=\frac{4423}{1727}\left(\frac{1.15}{996.7}\right)^{1/2}=0.087$$

③ 由图 4-7 查得纵坐标值为 0.14

$$\frac{u_F^2\Phi}{g}\left(\frac{\rho_G}{\rho_L}\right)u_L^{0.2}=\frac{u_F^2\times120}{9.81}\left(\frac{1.15}{996.7}\right)(0.8543^{0.2})=0.0137u_F^2=0.14$$

故液泛气速　　$u_f=\sqrt{\frac{0.14}{0.0137}}=3.197\text{m/s}$

（2）操作气速

$$u=0.6u_f=0.6\times3.197=1.92\mathrm{m/s}$$

（3）塔径

$$D=\sqrt{\frac{V_S}{\frac{\pi}{4}u}}=\sqrt{\frac{1500}{3600\times0.785\times1.92}}=0.526\mathrm{m}=526\mathrm{m}$$

取塔径为 600mm

（4）核算操作气速

$$u=\frac{1500}{3600\times0.785\times0.6^2}=1.474\mathrm{m/s}$$

（5）核算径比

$D/d=600/50=12$，满足鲍尔环的径比要求。

（6）喷淋密度的校核

依 Morris 等推荐，$d<75\mathrm{mm}$ 的环形及其他填料的最小润湿速率（MWR）为 $0.08\mathrm{m^3/(m\cdot h)}$，由式（4-12）：

最小喷淋密度 $L_{喷\min}=(\mathrm{MWR})a_t=0.08\times106.4=8.512\mathrm{m^3/(m^2\cdot h)}$

因为 $L_{喷}=4367\mathrm{kg/h}\ \frac{4367}{996.7\times0.785\times0.62}=15.5\mathrm{m^3/(m^2\cdot h)}$，故满足最小喷淋密度要求。

10. 填料层高度计算

根据式（4-13）计算填料层高度，即 $Z=H_{OG}N_{OG}=\frac{V_B}{K_Ya\Omega}\int_{Y_2}^{Y_1}\frac{\mathrm{d}Y}{Y-Y^*}$

（1）传质单元高度 H_{OG} 计算

$$H_{OG}=\frac{V_B}{K_Ya\Omega},\qquad 其中\ K_Ya=K_Gap$$

$$\frac{1}{K_Ga}=\frac{1}{k_Ga}+\frac{1}{Hk_La}$$

本设计采用式（4-23）（恩田式）计算填料润湿面积 a_w 作为传质面积 a，用式（4-24）及式（4-25）分别计算 k_L 及 k_G，再合并为 k_La 和 k_Ga。

① 列出各关联式中的物性数据

气体性质（以塔底 35℃，101.3kPa 空气计）：$\rho_G=1.15\mathrm{kg/m^3}$（前已算出）；$u_G=0.01885\times10^{-3}\mathrm{Pa\cdot s}$（查附录）；$D_G=1.09\times10^{-5}\mathrm{m^2/s}$（依 Gilliland 式估算）。

液体性质（以塔底 27.16℃水为准）：$\rho_L=996.7\mathrm{kg/m^3}$；$\mu_L=0.8543\times10^{-3}\mathrm{Pa\cdot s}$；$\sigma_L=71.6\times10^{-3}\mathrm{N/m}$（查附录）$D_L=1.344\times10^{-9}\mathrm{m^2/s}$（依 $D_L=\frac{7.4\times10^{-12}\ (\beta M_S)^{0.5}T}{\mu_LV_A^{0.6}}$ 式计算），式中 V_A 为溶质在常压沸点下的摩尔体积，M_S 为溶剂的摩尔质量，β 为溶剂的缔合因子。

气体与液体的质量流速

$$L'_G=\frac{4367}{3600\times0.785\times0.6^2}=4.3\mathrm{kg/(m^2\cdot s)}$$

$$V'_G=\frac{1727}{3600\times0.785\times0.6^2}=1.7\mathrm{kg/(m^2\cdot s)}$$

$DG50$mm 塑料鲍尔环（乱堆）特性：$d_p=50\text{mm}=0.05\text{m}$；得 $a_t=106.4\text{m}^2/\text{m}^3$；$\sigma_C=40\text{dyn/cm}=40\times10^{-3}\text{N/m}$ 查《化学工程手册. 第 12 篇. 气体吸收》手册，有关填料形状系数 Ψ，$\Psi=1.45$。

② 依式 (4-23)

$$\frac{a_w}{a_t}=1-\exp\left\{-1.45\left(\frac{\sigma_C}{\sigma}\right)^{0.75}\left(\frac{L'_G}{a_t\mu_L}\right)^{0.1}\left(\frac{L'_G\ a_t}{\rho_L^2 g}\right)^{-0.05}\left(\frac{L'^2_G}{\rho_L^2\sigma a_t}\right)^{0.2}\right\}$$

$$=1-\exp\left\{-1.45\left(\frac{40\times10^{-3}}{71.6\times10^{-3}}\right)^{0.75}\left(\frac{4.3}{106.4\times0.8543\times10^{-3}}\right)^{0.1}\left(\frac{4.3^2\times106.4}{996.7\times9.81}\right)^{-0.05}\left(\frac{4.3^2}{996.7\times71.6\times10^{-3}\times106.4}\right)^{0.2}\right\}$$

$$=1-\exp\{-1.45(0.646)(1.47)(1.53)(0.30)\}$$

$$=1-\exp(-0.632)=0.469$$

故 $a_w=0.469a_t=0.469\times106.4=49.9\text{m}^2/\text{m}^3$

③ 依式 (4-24)

$$k_L=0.0051\left(\frac{L'_G}{a_w\mu_L}\right)^{2/3}\left(\frac{\mu_L}{\rho_L D_L}\right)^{-1/2}\left(\frac{\mu_L g}{\rho_L}\right)^{1/3}(a_t d_p)^{0.4}$$

$$=0.0051\left(\frac{4.3}{49.9\times0.8543\times10^{-3}}\right)^{2/3}\left(\frac{0.8543\times10^{-3}}{996.7\times1.344\times10^{-9}}\right)^{-1/2}\times\left(\frac{0.8543\times10^{-3}\times9.81}{996.7}\right)^{1/3}(5.9)^{0.4}$$

$$=0.0051\times21.7\times0.0396\times0.02034\times2.03=1.81\times10^{-4}\text{m/s}$$

④ 依式 (4-25)

$$k_G=5.23\left(\frac{V'_G}{a_t\mu_G}\right)^{0.7}\left(\frac{\mu_G}{\rho_G D_G}\right)^{1/3}\left(\frac{a_t D_G}{RT}\right)(a_t d_p)$$

$$=5.23\left(\frac{1.7}{106.4\times1.885\times10^{-5}}\right)^{0.7}\left(\frac{1.885\times10^{-5}}{1.15\times1.09\times10^{-5}}\right)^{1/3}\times\left(\frac{106.4\times1.09\times10^{-5}}{8.314\times308}\right)(5.9)$$

$$=5.23(112.1)(1.146)(4.529\times10^{-7})(5.9)$$

$$=1.795\times10^{-3}\text{kmol/(m}^2\cdot\text{s}\cdot\text{kPa)}$$

故 $k_La=k_La_w=1.81\times10^{-4}\times49.9=9.03\times10^{-3}\text{L/s}$

$k_Ga=k_Ga_w=1.795\times10^{-3}\times49.9=8.96\times10^{-2}\text{kmol/(m}^2\cdot\text{s}\cdot\text{kPa)}$

(2) 计算 K_Ya

$50K_Ya=K_Gap$，而$\frac{1}{K_Ga}=\frac{1}{k_Ga}+\frac{1}{Hk_La}$，$H=\frac{\rho_L}{EM_S}$。由于在操作范围内，随液相组成 X 和温度 t_L 的增加，m（E）亦变，故本设计分为两个液相区间，分别计算 $K_Ga_{(\mathrm{I})}$ 和 $K_Ga_{(\mathrm{II})}$，即

区间Ⅰ　$X=0.004\sim0.002$（为 $K_Ga_{(\mathrm{I})}$）

区间Ⅱ　$X=0.002\sim0$（为 $K_Ga_{(\mathrm{II})}$）

由表 4-16 可知

$$E_{\mathrm{I}}=2.30\times10^2\text{kPa};H_{\mathrm{I}}=\frac{\rho_L}{E_{\mathrm{I}}M_S}=\frac{996.7}{2.30\times10^2\times18}=0.241\text{kmol/(m}^3\cdot\text{kPa)}$$

$$E_{\mathrm{II}}=2.18\times10^2\text{kPa};H_{\mathrm{II}}=\frac{\rho_L}{E_{\mathrm{II}}M_S}=\frac{996.7}{2.18\times10^2\times18}=0.254\text{kmol/(m}^3\cdot\text{kPa)}$$

故 $\dfrac{1}{K_{G}a_{(I)}}=\dfrac{1}{1.04\times10^{-3}}+\dfrac{1}{(0.241\times9.63\times10^{-3})}=0.962\times10^{3}+0.431\times10^{3}=1.393\times10^{3}$

$K_{G}a_{(I)}=7.18\times10^{-4}\text{kmol}/(\text{m}^{3}\cdot\text{s}\cdot\text{kPa})$

$K_{Y}a_{(I)}=K_{G}a_{(I)}p=7.18\times10^{-4}$

$\dfrac{1}{K_{G}a_{(II)}}=\dfrac{1}{1.04\times10^{-3}}+\dfrac{1}{(0.241\times9.63\times10^{-3})}=0.962\times10^{3}+0.409\times10^{3}=1.371\times10^{3}$

$K_{G}a_{(II)}=\text{kmol}/(\text{m}^{3}\cdot\text{s}\cdot\text{kPa})$

$K_{Y}a_{(II)}=K_{G}a_{(II)}p=7.29\times10^{-4}\times101.3=0.0738\ \text{kmol}/(\text{m}^{3}\cdot\text{s})$

(3) 计算 H_{OG}

$$H_{OG(I)}=\frac{V_{B}}{K_{Y}a_{I}\Omega}=\frac{58.28/3600}{0.0727\times0.785\times0.6^{2}}=0.788\text{m}$$

$$H_{OG(II)}=\frac{V_{B}}{K_{Y}a_{II}\Omega}=\frac{58.28/3600}{0.0738\times0.785\times0.6^{2}}=0.776\text{m}$$

(4)传质单元数 N_{OG} 计算

组　成	I	II
X	0.004～0.002	0.002～0
$\bar{Y}$	0.0185～0.0102	0.0102～0.00185
$\bar{Y}^{*}$	9.352×10^{-3}～4.42×10^{-3}	4.42×10^{-3}～0

根据式（4-17）及式（4-19）

$$N_{OG}=\frac{\bar{Y}_{1}-\bar{Y}_{2}}{\Delta Y_{m}}$$

$$\Delta\bar{Y}_{m}=\frac{(Y_{1}-Y_{1}^{*})-(Y_{2}-Y_{2}^{*})}{\ln\dfrac{(Y_{1}-Y_{1}^{*})}{(Y_{2}-Y_{2}^{*})}}$$

$$\Delta Y_{m(I)}=\frac{(0.0185-0.00935)-(0.0102-0.00442)}{\ln\dfrac{(0.0185-0.00935)}{(0.0102-0.00442)}}=7.34\times10^{-3}$$

$$N_{OG(II)}=\frac{(0.0185-0.0102)}{7.34\times10^{-3}}=1.13$$

$$\Delta Y_{m(II)}=\frac{(0.0102-0.00442)-(0.00185-0)}{\ln\dfrac{(0.0102-0.00442)}{(0.00185-0)}}=3.45\times10^{-3}$$

$$N_{OG(II)}=\frac{(0.0102-0.0185)}{3.45\times10^{-3}}=2.42$$

(5)填料层高度 Z 计算

$$Z=Z_{1}+Z_{2}=H_{OG(I)}N_{OG(I)}+H_{OG(II)}N_{OG(II)}$$
$$=0.788\times1.13+0.776\times2.42=0.89+1.88=2.77\text{m}$$

取 25%余量，则完成本设计任务需 $DG50$mm 塑料鲍尔环的填料层高度 $Z=1.25\times2.77=3.5$m

11. 填料层压降计算

查图 4-7（通用压降关联图）横坐标值 0.087(前已算出)；将操作气速 u'(=1.474m/s)代替纵坐标中的 u_F，查表 4-2，DG50mm 塑料鲍尔环（米字筋）的压降填料因子 $\Phi=125$，代替纵坐标中的 Φ，则纵标值为

$$\frac{1.474^2\times125}{9.81}\times\left(\frac{1.15}{996.7}\right)\times(0.8543^{0.2})=823.9\text{Pa}$$

查图 4-7（内插）得

$$\Delta p\approx24\times9.81=235.4\text{Pa/m(填料)}[<500\text{Pa/m(填料)}]$$

全塔填料层压降 $\Delta p=3.5\times235.4=823.9$Pa

关于吸收塔的物料计算总表和塔设备计算总表此处从略。

12. 填料吸收塔的附属设备

(1) 本设计任务液相负荷不大，可选用排管式液体分布器；且填料层不高，可不设液体再分布器。

(2) 塔径及液体负荷不大，可采用较简单的栅板型支承板及压板。

其他塔附件及气液出口装置计算与选择此处略。

第五章　板式精馏塔工艺设计

精馏是气液两相之间的传质过程，而传质过程是由能提供气液两相充分接触的塔设备完成，并要求达到较高的传质效率。根据塔内气液接触部件的结构型式，可分为板式塔与填料塔两大类。板式塔内设置一定数量塔板，气体以鼓泡或喷射形式穿过板上液层进行质量、热量传递，气液相组成呈阶梯变化，属于逐级接触逆流操作过程。填料塔内装有一定高度的填料层，液体自塔顶填料表面下流，气体逆流而上，（也有并流向下者）与液相接触进行质量、热量传递，气液相组成沿塔高连续变化，属于微分接触操作过程。

板式塔大致可分为两类：一类是有降液管的塔板，如泡罩、浮阀、筛板、导向筛板、新型垂直筛板、舌形、S形、多降液管塔板；另一类是无降液管塔板，如穿流式筛板（栅板）、穿流式波纹板等。工业应用较多的是有降液管的浮阀、筛板和泡罩塔板等。

工业对塔设备的主要要求：①生产能力大；②传质、传热效率高；③气流的摩擦阻力小；④操作稳定，适应性强，操作弹性大；⑤结构简单、材料耗用量少；⑥制造安装容易，操作维修方便。此外还要求不易堵塞、耐腐蚀等。

实际上，任何塔设备都难以满足上述要求，因此，设计者应根据塔型特点、物系性质、生产工艺条件、操作方式、设备投资、操作与维修费用等技术经济评价以及设计经验等因素，依矛盾的主次，综合考虑，选择适宜的塔型。

第一节　确定设计方案

1.装置流程

精馏装置包括精馏塔、原料预热器、蒸馏釜（再沸器）、冷凝器、釜液冷却器和产品冷却器等设备。热量自塔釜输入，物料在塔内经多次部分气化与部分冷凝进行精馏分离，由冷凝器和冷却器中的冷却介质将余热带走。在此过程中，热能利用率很低，为此，在确定装置流程时应考虑余热的利用，注意节能。

另外，为保持塔的操作稳定性，流程中除用泵直接将物料送入塔内，也可采用高位槽送料以免受泵操作波动的影响。

塔顶冷凝装置根据生产情况以决定采用分凝器或全凝器。一般，塔顶分凝器对上升蒸气虽有一定增浓作用，但在石油等工业中获取液相产品时往往采用全凝器，以便于准确控制回流比。若后继装置使用气态物料，则宜用分凝器。

总之，确定流程时要较全面、合理地兼顾设备、操作费用、操作控制及安全诸因素。

2.操作压力

精馏操作通常可在常压、减压和加压下进行。确定操作压力时，必须根据所处理的物料性质，兼顾技术上的可行性和经济上的合理性进行全面考虑。操作压力常取决于冷凝温度。一般除热敏性物料外，凡通过常压蒸馏不难实现分离要求，并能用江河水或循环水将馏出物冷凝下来的系统，都应采用常压蒸馏；对热敏性物料或混合液沸点过高的系统则宜采用减压蒸馏；对常压下馏出物的冷凝温度过低的系统，需提高塔压或采用深井水、冷冻盐水作为冷却剂；而常压下呈气态的物料必须采用加压蒸馏。例如苯乙烯常压沸点为145.2℃，而将其加热到102℃以上就会发生聚合，故苯乙烯应采用减压蒸馏；脱丙烷、丙烯塔操作压力提高到1765kPa时，冷凝温度约50℃，便可用江河水或循环水进行冷凝冷却，则运转费用减少；石油气常压呈气态，必须采用加压蒸馏分离。

3.进料状态

进料状态与塔板数、塔径、回流比及塔的热负荷都有关。进料热状态有五种。

① $q>1.0$ 时，为低于泡点温度的冷液进料；

② $q=1.0$ 为泡点下的饱和液体；

③ $0<q<1$ 为介于泡点与露点间的气液混合物；

④ $q=0$ 为露点下的饱和蒸气；

⑤ $q<0$ 为高于露点的过热蒸气进料。

一般都将料液预热到泡点或接近泡点才送入塔中，这样塔的操作比较容易控制，不受季节气温的影响。另外，泡点进料时，提留段与精流段的塔径相同，在设计上和制造上都比较方便。

4.加热方式

蒸馏大多采用间接蒸汽加热，设置再沸器。有时也可采用直接蒸汽加热，例如蒸馏釜残液中的主要组成是水，且在低浓度下轻组分的相对挥发度较大时（如乙醇与水混合液）宜用直接蒸汽加热，其优点是可以利用压力较低的加热蒸汽以节省操作费用，并省掉间接加热设备。但由于直接蒸汽的加入，对釜内溶液起一定稀释作用，在进料条件和产品纯度、轻组成收率一定的前提下，釜液浓度相应降低，故需在提馏段增加塔板以达到生产要求。

5.回流比的选择

适宜的回流比是指精馏过程中设备费用与操作费用两方面之和为最低时的回流比。精馏过程的主要设备费用有精馏塔，再沸器和冷凝器，当回流比最小时，塔板数为无穷大，故设备费用最大，当回流比略大于最小回流比时，塔板数便从无穷多锐减到某一值，塔的设备费用随之锐减，当回流比继续增大时，塔板数仍随之减少，但已较缓慢。但是，由于回流比的增加，导致上升蒸气量随之增加，从而使塔径、再沸器、冷凝器等尺寸相应增大，设备费用随之上升：如图5-1中的曲线1所示。

精馏过程的操作费用主要包括再沸器加热介质费用和冷凝器冷却介质的费用之和。当回流比增加时，加热介质和冷却介质消耗量随之增加，导致操作费用相应增加，如图5-1中的曲线2所示。

因此，总费用是设备费用与操作费用之和，它与回流比的大致关系，如图5-1中的曲线3所示。曲线3的最低点对应的回流比为适宜回流比。

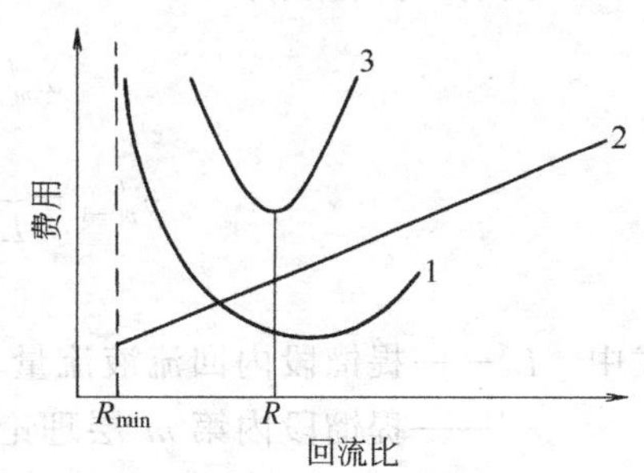

图5-1 回流比优化图

1—设备费用；2—操作费用；3—总费用

一般经验值为：$R=(1.1-2.0)R_{min}$ (5-1)

式中 R ——操作回流比；

R_{min} ——最小回流比。

对特殊物系的场合，则应根据实际需要选定回流比。在进行课程设计时，也可参考同类生产的经验值选定，必要时可选若干个 R 值，利用吉利兰图（简捷法）求出对应理论塔板数 N，N-R 曲线或 $N(R+1)$-R 曲线，从中找出适宜操作回流比 R。也可做出 R 对精馏操作费用的关系线，从中确定适宜回流比 R。

6. 热能利用

精流过程的特性是反复进行部分汽化和部分冷凝，因此，热效率低。一般进入再沸器能量的 95%以上被塔顶冷凝器中的冷水或空气带走。在设计过程中必须考虑热能利用问题。

塔顶蒸汽和塔低残液都有余热可利用，但要分别考虑这些热量的特点。如塔顶蒸汽冷凝放出大量热量，但能位较低，不可直接用来作为塔底热源。如采用热泵技术使塔顶蒸汽经绝热压缩，提高温度用于塔釜加热，即节省了大量的加热蒸汽或其他热源，又节省了塔顶冷凝水或其他冷源。

第二节　板式精馏塔的工艺计算

一、物料衡算和操作线方程

(一) 间接蒸汽加热

1. 全塔物料衡算

总物料
$$F=D+W \tag{5-2}$$

易挥发组分
$$Fx_F=Dx_D+Wx_W \tag{5-3}$$

式中　F、D、W——分别为进料、馏出液和釜液的流量，kmol/h；

x_F、x_D、x_W——分别为进料、馏出液和釜液中易挥发组分的组成，摩尔分数。

2. 精馏段操作线方程

$$y_{n+1}=\frac{L}{L+D}x_n+\frac{D}{L+D}x_D \tag{5-4}$$

$$y_{n+1}=\frac{R}{R+1}x_n+\frac{1}{R+1}x_D \tag{5-5}$$

式中　L——精馏段内回流液流量，kmol/h，($L=RD$)；

x_n——精馏段内第 n 层理论板下降的液相组成，摩尔分数；

y_{n+1}——精馏段内第 $n+1$ 层理论板上升的蒸气组成，摩尔分数。

3. 提馏段操作线方程

$$x_m'=\frac{L'}{L'-W}x_w'-\frac{W}{L'-W}x_w \tag{5-6}$$

$$y_{m+1}'=\frac{L+qF}{L+qF-W}x_w'-\frac{W}{L+qF-W}x_w \tag{5-7}$$

$$L'=L+qF$$

式中　L'——提馏段内回流液流量，kmol/h，

x_m'——提馏段内第 m 层理论板下降的液相组成，摩尔分数；

y_{m+1}'——提馏段内第 $m+1$ 层理论板上升的蒸气组成，摩尔分数。

4. 进料方程（q 线方程）

$$y=\frac{q}{q-1}x-\frac{x_F}{q-1} \tag{5-8}$$

q 线方程代表精馏段操作线与提馏段操作线交点的轨迹方程。

(二) 直接蒸汽加热

全塔物料衡算

总物料 $$F+S+L=V+W' \tag{5-9}$$

易挥发组分 $$Fx_F+Sy_0+Lx_L=Vy_1+W'x_{W'} \tag{5-10}$$

式中 S、y_0——分别为直接蒸汽量（kmol/h）及其组成；

W'、$x_{W'}$——分别为直接蒸汽加热时釜液量（kmol/h）及其组成，摩尔分数。

精馏段操作线方程

$$y_{n+1}=\frac{R}{R+1}x_n+\frac{1}{R+1}x_D \tag{5-5}$$

提馏段操作线方程

$$y'_{m+1}=\frac{W'}{S}x_m'-\frac{W'}{S}x_{W'} \tag{5-11}$$

二、理论板数的计算

本课程设计的重点是二元混合物体系精馏操作。欲计算完成规定分离要求所需的理论板数，需知原料液组成，选择进料热状态和操作回流比等精馏操作条件，利用气液相平衡关系和操作线方程求算。精馏塔理论板数的计算方法有多种，现以塔内恒摩尔流假定为前提，介绍常用的理论板数求算方法。

1. 逐板计算法

通常从塔顶开始进行逐板计算，设塔顶采用全凝器，泡点回流，则自第一层板上升蒸气组成等于塔顶产品组成，即 $y_1=x_D$（已知）。而自第一层板下降的液体组成 x_1 与 y_1 相平衡，可利用相平衡方程求取 x_1。第二层板上升蒸气组成 y_2 与 x_1 满足精馏段操作关系，即：

$$y_2=\frac{R}{R+1}x_1+\frac{x_D}{R+1} \tag{5-5}$$

由上式求取 y_2。同理由 y_2 利用平衡线方程求 x_2，再由 x_2 利用操作线方程求 y_3…，如此交替利用平衡线方程和精馏段操作线方程进行下行逐板计算，直到 $x_n \leqslant x_F$ 时，则第 n 层理论板即为进料板，精馏段理论板数为（$n-1$）层。

以下改用提馏段操作线方程，即：

$$y_2'=\frac{L+qF}{L+qF-W}x_1'-\frac{W}{L+qF-W}x_W \tag{5-7}$$

由 $x_1=x_n$ 用上式求得 y_2，同上法交替利用平衡线方程和提馏段操作线方程重复逐板计算，直到 $x_m \leqslant x_W$ 为止。间接蒸汽加热时，再沸器内可视为气液两相达平衡，故再沸器相当于一层理论板，则提馏段理论板数为（$m-1$）层。

以上计算过程中，每使用一次平衡关系，表示需要一层理论板。

显然，逐板计算法可同时求得各层板上的气液相组成，计算结果准确，是求算理论板数得基本方法，但计算比较繁琐。

2. 直角梯级图解法（M. T. 图解法）

将逐板计算过程在 y-x 相平衡图上，分别用平衡线和操作线代替平衡线方程和操作线方程，用图解理论板的方法代替逐板计算法，则大大简化求解理论板的过程，但准确性差些，一般二元精馏中常采用此法。

图解理论板的方法和步骤简述于下：

设采用间接蒸汽加热，全凝器（$x_D=y_1$），泡点进料，如图 5-2 所示。

（1）首先在 y-x 图上作平衡线和对角线。

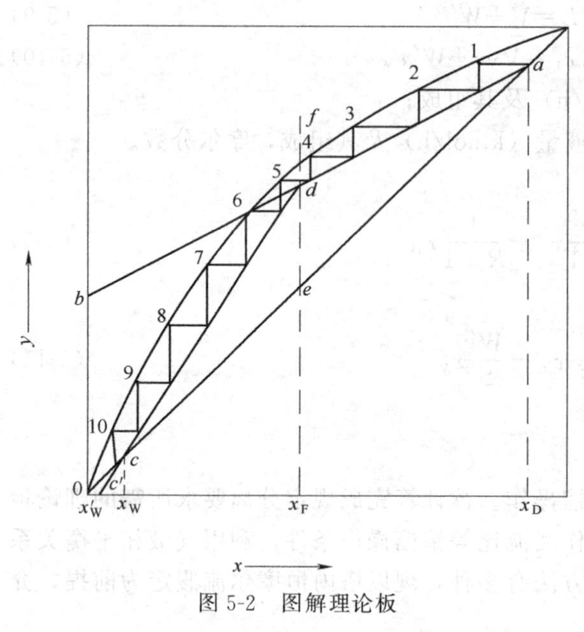

图 5-2 图解理论板

（2）作精馏段操作线 自点 $a(x_D、x_D)$ 至点 b（精馏段操作线在 y 轴上的截距 $\frac{x_D}{R+1}$）做连线 ab 或自 a 点作斜率为 $\frac{R}{R+1}$ 的直线 ab，即为精馏段操作线。

（3）作进料线（q 线） 自点 $e(x_F、x_F)$ 作斜率为 $\frac{q}{q-1}$ 的 ef 线（即为 q 线）。q 线 ef 与精馏段操作线 ab 的交点 d，就是精、提馏段两操作线的交点。

（4）作提馏段操作线 连接点 d 与点 $c(x_W、x_W)$，dc 线即为提馏段操作线。也可自点 c 开始作斜率为 $\frac{L+qF}{L+qF-W}$ 的线段即为提馏段操作线。此线与 ab 线交点即点 d。

（5）图解理论板层数 自点 $a(x_D、x_D)$ 开始，在精馏段操作线 ab 与平衡线之间绘直角阶梯，梯级跨过两操作线交点 d 时，改在提馏段操作线 dc 与平衡线之间绘直角阶梯，直到梯级的垂直线达到或超过点 $c(x_W、x_W)$ 为止，每一个梯级代表一层理论板，跨过交点 d 的梯级为进料板。

本例采用间接蒸汽再沸器，它可视为一层理论板，由图 5-2 可知，共需 9 块理论板（不包括再沸器），其中精馏段 4 层，提馏段 5 层，第 5 层为进料板。

若塔顶采用分凝器，即塔顶蒸气经分凝器部分冷凝作为回流液，未冷凝的蒸气在冷凝器冷凝取得液相产品时，由于离开分凝器的气相与液相可视为相互平衡，故分凝器也相当于一层理论板。故用上述方法求得的理论板层数还应减去一层板。

若采用直接蒸汽加热，塔顶采用全凝器，泡点进料时，求解理论板方法同上，采用相应的平衡关系和操作关系。但图解理论板时应注意塔釜点 $c'(x_W'、0)$ 位于横轴上（直接蒸汽组成 $y_0=0$），如图 5-2 所示。

对于要取得两种以上精馏产品或分离不同浓度的原料液的情况，属于多侧线塔的计算，则应将全塔分成（侧线数+1）段，通过对各段作物料衡算，分别写出相应段的操作线方程式，再按常规图解理论板的方法求解所需理论板层数。

应予说明，为提高图解理论板方法作图的准确性，应采用适宜的作图比例，对分离要求很高时，在高浓度区域（近平衡线端部）可局部放大作图比例或采用对数坐标，或采用逐板计算法求解。另外，当所需理论板数极多时，因图解法误差大，则采用适当的数字计算求解。

3. 简捷法

常用的简捷法为吉利兰经验关联图法，该法用于估算理论塔板层数，方法简捷，但准确度稍差。图 5-3 吉利兰关联图纵标中的理论板层数 N 及最少理论板层数 N_{min} 均不包括再沸器。

此法求算理论板层数的步骤如下。

（1）求算 R_{min} 和选定 R 对于理想溶液或在所涉及的浓度范围内相对挥发度可取为常

数时，用以下各式计算 $R_{\min}$。

① 进料为饱和液体时

$$R_{\min}=\frac{1}{\alpha_{m}-1}\left[\frac{x_{D}}{x_{F}}-\frac{\alpha_{m}(1-x_{D})}{1-x_{F}}\right] \tag{5-12}$$

② 进料为饱和蒸汽时

$$R_{\min}=\frac{1}{\alpha_{m}-1}\left[\frac{\alpha_{m}\cdot x_{D}}{y_{F}}-\frac{1-x_{D}}{1-y_{F}}\right] \tag{5-13}$$

式中　y_{F} ——饱和液体进料的组成，摩尔分数。

对平衡曲线形状不正常的情况，可用作图法求 $R_{\min}$。

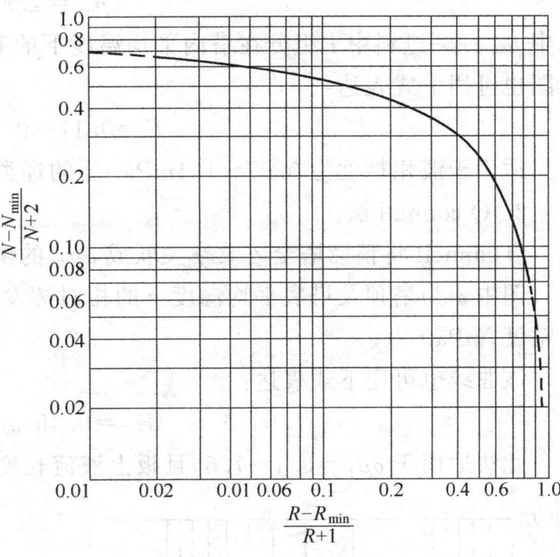

图 5-3　吉利兰关联图

(2) 计算 $N_{\min}$

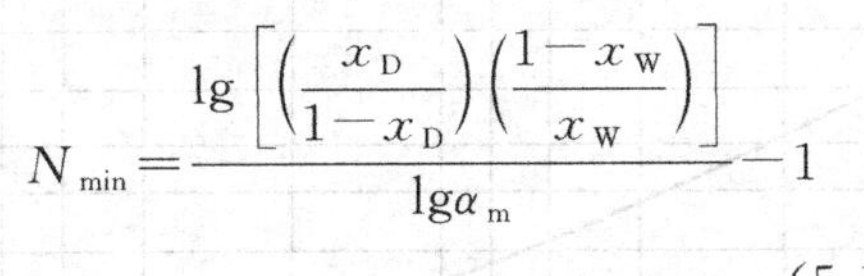
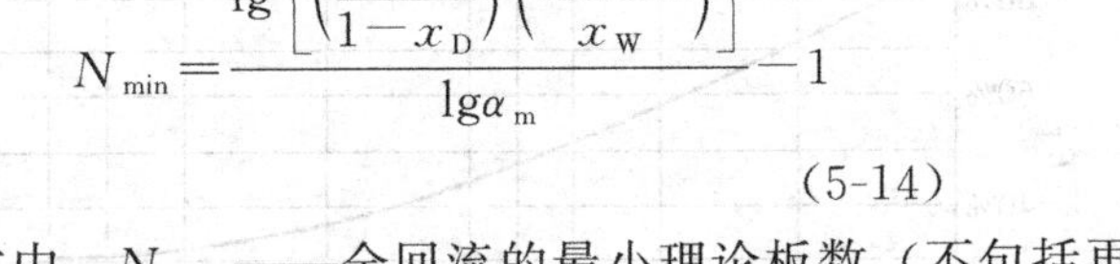

$$N_{\min}=\frac{\lg\left[\left(\frac{x_{D}}{1-x_{D}}\right)\left(\frac{1-x_{W}}{x_{W}}\right)\right]}{\lg\alpha_{m}}-1 \tag{5-14}$$

式中　$N_{\min}$ ——全回流的最小理论板数（不包括再沸器）；

α_{m} ——全塔平均相对挥发度，当 α 变化不大时，$\alpha=\sqrt{\alpha_{D}\cdot\alpha_{W}}$。

(3) 计算 $\frac{R-R_{\min}}{R+1}$ 值　在吉利兰图横坐标上找到相应点，自此点引铅垂线与曲线相交，由与交点相应的纵标 $\frac{N-N_{\min}}{N+2}$ 值求算出不包括再沸器的理论板数 N。

(4) 确定进料板位置　由式 (5-14)，以 x_{F} 代 x_{W}，α_{m}' 代 α_{m} 求得 $N_{\min}$，由 (3) 法求得精馏段理论板数 $N_{精}$，则加料板为 $N_{精}$ 的下一块板。α_{m}' 为精馏段的平均相对挥发度。

三、塔板总效率的估算

求出理论板数后，要决定塔板效率才能求出实际板数。塔板效率是否合理，对设计的塔能否满足生产要求是非常重要的。

塔效率是在规定的分离要求和回流比条件下所需理论板数 N_{T} 与实际塔板数 N_{P} 的比值，即

$$E_{T}=\frac{N_{T}}{N_{P}}\times 100\% \tag{5-15}$$

塔效率与系统物性、塔板结构及操作条件等有关，影响因素多且复杂，只能通过实验测定获取较可靠的全塔效率数据。设计中可取自条件相近的生产或中试实验数据，必要时也可采用适当的关联方法计算，下面介绍两个应用较广的关联方法。

1. Drickamer 和 Bradford 法

由大量烃类精馏工业装置的实测数据归纳出精馏塔全塔效率关联图，如图 5-4 示。图中，μ_{m} 为根据加料组成在塔平均温度下计算的平均粘度，即

$$\mu_m = \sum x_{Fi}\mu_{Li} \tag{5-16}$$

式中 μ_m——进料中 i 组分在塔内平均温度下的液相粘度，mPa・s。

该图也可用下式表达：

$$E = 0.17 - 0.616\lg \mu_m \tag{5-17}$$

适用于液相粘度为 0.07～1.4mPa・s 的烃类物系。

2. O'connell 法

O'connell 将精馏塔全塔效率关联成 $\alpha\mu_L$ 的函数。如图 5-5 所示，是较好的简易方法。

图中 α 为塔顶及塔底平均温度下的相对挥发度；μ_L 为塔顶及塔底平均温度下进料液相平均粘度，mPa・s。

该曲线也可用下式表达：

$$E_T = 0.49(\alpha\mu_L)^{-0.245} \tag{5-18}$$

此法适用于 $\alpha\mu_L = 0.1 \sim 7.5$，且板上液流长度≤1.0m 的一般工业板式塔。

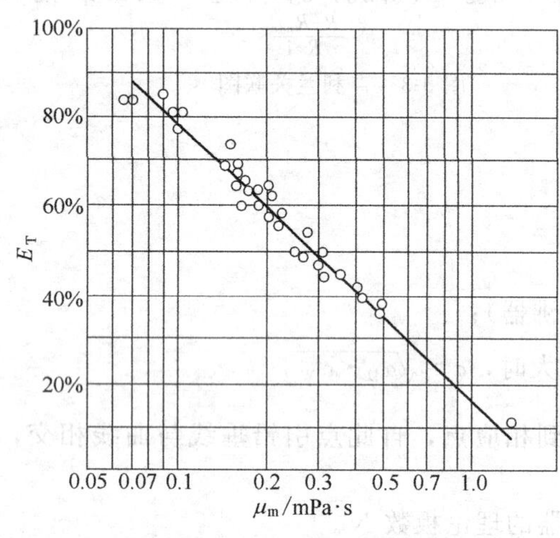

图 5-4 精馏塔全塔效率关联图

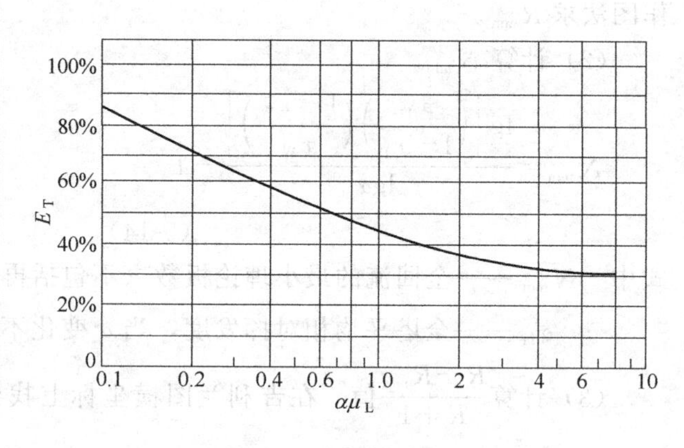

图 5-5 精馏塔全塔效率关联曲线

四、确定实际板数

当板效率确定后，根据理论板数直接可以换算实际板数，即

$$N_P = \frac{N_T}{E_T} \tag{5-19}$$

五、灵敏板位置的确定

一个正常操作的精馏塔当受到某一外界因素的影响的干扰（如回流比、进料组成发生波动等），全塔各板的组成将发生变动，全塔的温度分布也将发生相应的变化。因此，有可能用测量温度的方法预示塔内组成尤其是塔顶馏出液组成的变化。

仔细考察操作条件变动前后的温度分布的变化，即可发现在精馏段或提馏段的某些塔板上，温度变化最为显著。或者说，这些塔板的温度对外界干扰因素的反映最灵敏，故将这些塔板称之为灵敏板。将感温元件安置在灵敏板上可以较早察觉精馏操作所受的干扰；而且灵敏板比较靠近进料口，可在塔顶馏出液组成尚未产生变化之前先感受到进料参数的变动并及时采取调节手段，以稳定馏出液的组成。因此，在设计过程中根据不同回流比大小来确定全塔组成分布和温度分布，画出以塔板序号为纵坐标、温度变化为横坐标的温度分布曲线，得到温度变化最明显的位置，即为灵敏板位置。

六、板式塔主要工艺尺寸的确定

(一) 塔高

塔的有效段高度由下式计算

$$Z=N_{P}\times H_{T} \tag{5-20}$$

式中　Z——塔的有效段高度，m；

H_T——塔板间距，m。

塔板间距的选定很重要，板间距的大小与液泛和雾沫夹带有关。如板间距取较大，塔内的允许气流速度高，对完成一定的生产任务，塔径可较小；如板间距取较小，塔径就要大些。板间距大还对塔板效率、操作弹性及安装检修有利。但是，板间距增大，会增加塔的总高，增加金属消耗量，造价也高。选择板间距时可参照表 5-1 所示经验关系选取。

表 5-1　板间距与塔径关系

塔径/m	0.3～0.5	0.5～0.8	0.8～1.6	1.6～2.4	2.4～4.0
板间距/mm	200～300	250～350	300～450	350～600	400～600

选定时，还要考虑实际情况，例如塔板层数很多时，可选用较小的板间距，适当加大塔径以降低塔的高度；塔内各段负荷差别较大时，也可采用不同的板间距以保持塔径一致；对易起泡沫的物系，板间距应取大些，以保证塔的分离效果；对生产负荷波动较大的场合，也需加大板间距以保持一定的操作弹性。在设计中，有时需反复调整，最终选定适宜的板间距。

此外，考虑安装检修的需要，在塔体人孔处的板间距不应小于 600～700mm，以便有足够的工作空间，对只需开手孔的小型塔，开手孔处的板间距可取 450mm 以下。

(二) 塔径

计算塔径的方法有两类：一类是根据适宜的空塔气速，求出塔截面积，再求出塔径。另一类是根据孔流气速，计算出一个孔（阀孔或筛孔）允许通过的气量，决定每块塔板上所需孔数，然后根据孔的排布计算横截面积和塔径。本章仅介绍前一类方法。

1. 初步计算塔径

一般适宜的空塔速度为允许空塔速度的 0.6～0.8 倍。根据流量公式计算塔径，即

$$u=(0.6\sim0.8)u_{允许} \tag{5-21}$$

$$u_{允许}=C\sqrt{\frac{\rho_L-\rho_V}{\rho_V}} \tag{5-22}$$

式中　$u_{允许}$——允许空塔速度，m/s；

ρ_L，ρ_V——分别为液相和气相的密度，kg/m^3；

C——气体负荷参数，m/s。

负荷系数 C 值可由 Smith 关联图求取，如图 5-6 所示。

图 5-6 中的负荷系数是以表面张力 $\sigma=20$mN/m 的物系绘制的，若表面张力为其他物系，可依下式校正，查出负荷系数，即

$$C=C_{20}\left(\frac{\sigma}{20}\right)^{0.2} \tag{5-23}$$

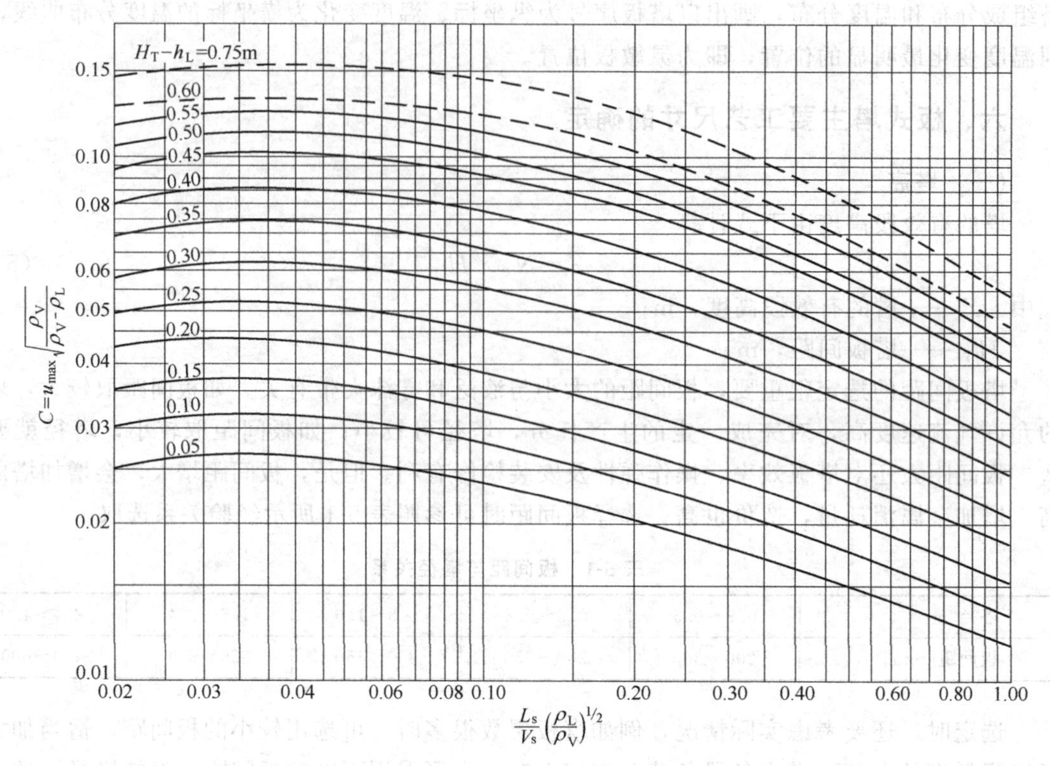

图 5-6 Smith 关联图

图中 h_L——板上液层高度，m；常压塔 $h_L=0.05\sim0.1$m，减压塔 $h_L=0.025\sim0.03$m；

(H_T-h_L)——液滴沉降空间高度，m；

$\left(\frac{L_s}{V_s}\right)\left(\frac{\rho_L}{\rho_V}\right)^{1/2}$——气液动能参数。

2. 塔径核算

初选塔径后必须圆整。根据上述方法计算的塔径应按化工机械标准圆整并核算实际气速。一般塔径在 1m 以内时，按 100mm 增值计，塔径超过 1m 时，按 200mm 增值定塔径。若精馏段与提馏段负荷变化大，也可分段计算塔径。注意：这样计算出的塔径系初估塔径，此后尚需进行流体力学验算，合格后方能定出实际塔径。

3. 塔板布置

塔板是气液两相传质的场所。塔板上通常划分为下列区域：(1) 开孔区；(2) 溢流区；(3) 安定区；(4) 边缘区（无效区）。如图 5-7 所示。

(1) 开孔区　为布置筛孔、浮阀等部件的有效传质区，亦称鼓泡区。其面积按在布置板面上开孔后求得，也可直接计算。对垂直弓形降液管的单流型塔板可按下式计算。

$$A_a=2\left[x\sqrt{R^2-x^2}+\frac{\pi}{180}R^2\sin^{-1}\left(\frac{x}{R}\right)\right] \tag{5-24}$$

$$x=\left(\frac{D}{2}\right)-(W_d+W_c)$$

$$R=\left(\frac{D}{2}\right)-W_c$$

式中　A_a——鼓泡面积，m^2；

(2)溢流区　溢流区面积分别为降液管和受液盘所占面积。

(3)安定区　开孔区与溢流区之间的不开孔区域为安定区(破沫区),其作用为使降液管流出液体在塔板上均布并防止液体夹带大量泡沫进入降液管。其宽度指堰与它最近一排孔中心线之间的距离,可参考下列经验值选定:

溢流堰前的安定区　　　$W_s = 70 \sim 100\text{mm}$

进口堰后的安定区　　　$W_s = 50 \sim 100\text{mm}$

直径小于 1m 的塔 W_s 可适当减小。

(4)无效区　在靠近塔壁的塔板部分需留出一圈边缘区域供支撑塔板的边梁之用,称无效区,其宽度视需要选定。小塔为 30～50mm,大塔可达 50～70mm。为防止液体经边缘区流过而产生"短路"现象。可在塔板上沿塔壁设置旁流挡板。

4.溢流装置

板式塔的溢流装置包括降液管、溢流堰和受液盘及入口堰。参见塔板结构参数图 5-7 所示,介绍单流型具有弓形降液管塔板的溢流装置设计。

(Ⅰ)降液管

降液管是塔板间液体流动的通道,也是溢流液中夹带的气体得以分离的场所。降液管有圆形与弓形两类,如图 5-8 所示。

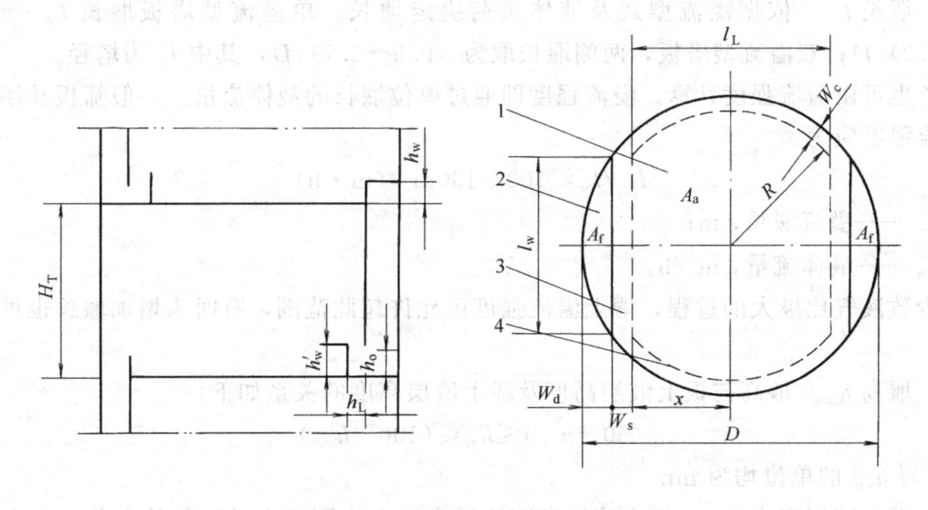

图 5-7　塔板板面布置说明图

1—鼓泡区；2—溢流区；3—安定区；4—无效区

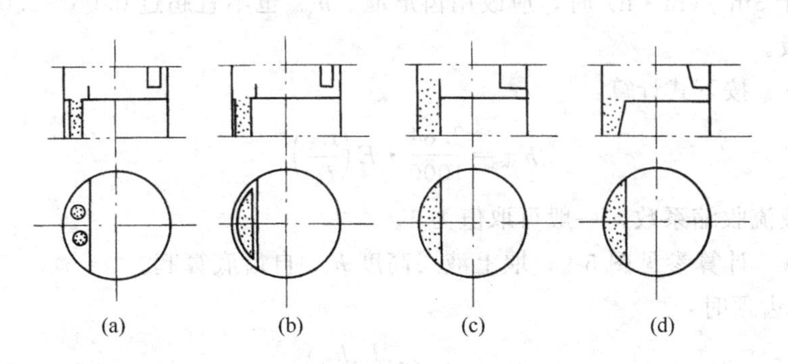

图 5-8　降液管形式

图 5-8 中（a）为圆形降液管；（b）为内弓形降液管，均适用于直径较小的塔板。（c）为弓形降液管，它是由部分塔壁和一块平板围成的，由于它能充分利用塔内空间，提供较大降液面积及两相分离空间，普遍用于直径较大、负荷较大的塔板。（d）为倾斜式弓形降液管，它既增大了分离空间又不过多占用塔板面积，故适用于大直径大负荷的塔板。

降液管的设计应参照以下原则。

① 降液管中的液体线速度小于 0.1m/s；液体在降液管中的停留时间 τ 一般应等于或大于 3～5s，以保证溢流中的泡沫有足够的时间在降液管中得到分离。

$$\tau=\frac{A_f \cdot H_T}{L_S} \geqslant 3 \sim 5 \quad s \tag{5-25}$$

② 弓形降液管的宽度 W_d 与截面积 A_f 可根据堰长与塔径的比值，由图 5-11 查取。

③ 降液管底隙高度即降液管下端与塔板间的距离，以 h_0 表示。为保证良好的液封，又不致使液流阻力过大。一般 h_0 可按下式计算：

$$h_0=h_w-(0.006 \sim 0.012) \quad m \tag{5-26}$$

h_0 也不宜小于 0.02～0.025m，以免引起堵塞。

（Ⅱ）溢流堰（出口堰）

为维持塔板上一定高度的均匀流动的液层，一般采用平直溢流堰（出口堰）。

(1) 堰长 l_w　依据溢流型式及液体负荷决定堰长。单溢流型塔板堰长 l_w 一般取为 (0.6～0.8) D；双溢流型塔板，两侧堰长取为（0.5～0.7）D，其中 D 为塔径。

堰长也可由溢流强度计算。溢流强度即通过单位堰长的液体流量。一般筛板及浮阀塔的堰上液流强度应为：

$$L_h/l_w \leqslant 100 \sim 130 m^3/(m \cdot h) \tag{5-27}$$

式中　l_w ——溢流堰长，m；

L_h ——液体流量，m^3/h。

对少数液气比极大的过程，堰上溢流强度可允许超此范围，有时为增加堰长也可增设辅助堰。

(2) 堰高 h_w　堰高与板上液层高度及堰上液层高度的关系如下：

$$(50-h_{ow}) \leqslant h_w \leqslant (100-h_{ow}) \tag{5-28}$$

式中 h_w 与 h_{ow} 的单位均为 mm。

(3) 堰上液层高度 h_{ow}　堰上液层高度应适宜，太小则堰上的液体均布差，太大则塔板压降增大，雾沫夹带增加。对平直堰，设计时 h_{ow} 一般应大于 0.006m，若低于此值或液流强度 L_h/l_w 小于 $3m^3/(m \cdot h)$ 时，应改用齿形堰。h_{ow} 也不宜超过 0.06～0.07m，否则可改用双溢流型塔板。

平直堰的 h_{ow} 按下式计算：

$$h_{ow}=\frac{2.84}{1000} \cdot E\left(\frac{L_h}{l_w}\right)^{2/3} \tag{5-29}$$

式中　E ——液流收缩系数，一般可取值为 1。

齿形堰的 h_{ow} 计算参见图 5-9，堰上液层高度 h_{ow} 自齿底算起。

h_{ow} 不超过齿顶时：

$$h_{ow}=1.17\left(\frac{L_s h_n}{l_w}\right)^{2/5} \tag{5-30}$$

h_{ow}超过齿顶时：

$$L_s=0.735\left(\frac{l_w}{h_n}\right)\left[h_{ow}^{5/2}-(h_{ow}-h_n)^{5/2}\right] \tag{5-31}$$

式中　L_s——液体流量，m^3/s；

h_n——齿深，m；一般情况下 h_n 可取为 0.015m。

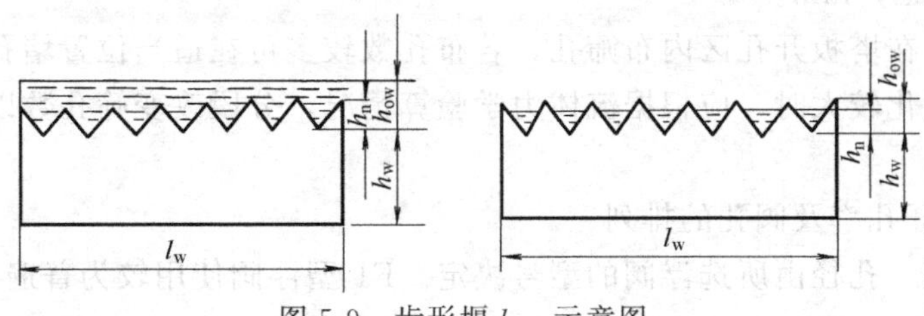

图 5-9　齿形堰 h_{ow} 示意图

一般筛板、浮阀塔的板上液层高度在 0.05～0.1m 范围内选取。根据以上关系计算堰上液层高度 h_{ow} 后，再用式（5-28）计算堰高 h_w。

在工业塔中，堰高一般为 0.04～0.05m，减压塔为 0.015～0.025m，高压塔为 0.04～0.08m，一般不宜超过 0.1m。堰高还要考虑降液管底端的液封，一般应使堰高在降液管底端 0.006m 以上，大塔径相应增大此值。若堰高不能满足液封要求时，可设进口堰。

（Ⅲ）受液盘及入口堰

受溢盘有凹形和平形两种形式。一般情况多采用平形受液盘，有时为使液体进入塔板时平稳并防止塔板液流进口处头几排筛孔因冲击而漏液，对直径为 800mm 以上的塔板，也推荐使用凹形受液盘，如图 5-10 所示。此结构也便于液体侧线抽出，但不宜用于易聚合或有悬浮物的料液。当大直径塔采用平形受液盘时，为保证降液管的液封并均布进入塔板的液流，也可设进口堰。

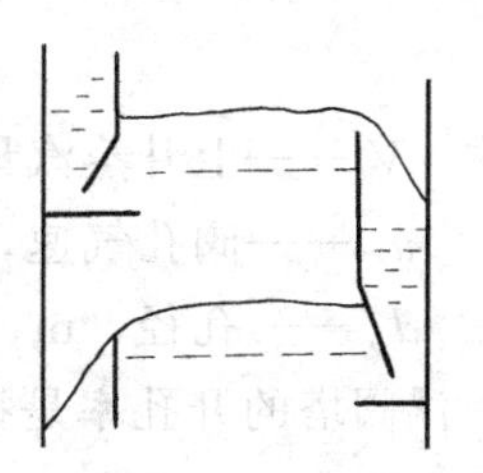

图 5-10　凹形受液盘

5. 鼓泡区阀孔（筛孔）安排

（Ⅰ）筛孔开孔率和筛孔排布

（1）孔径 d_o　筛孔的孔径 d_o 的选取与塔的操作性能要求、物系性质、塔板厚度、材质及加工费用等有关，一般认为，表面张力为正系统的物系易起泡沫，可采用 d_o 为 3～8mm（常用 4～6mm）的小孔径筛板，属鼓泡型操作；表面张力为负系统的物系及易堵物系，可采用 d_o 为 10～25mm 的大孔径筛板，其造价低，不易堵塞，属喷射型操作。

（2）筛孔排布　筛孔在筛板上一般按正三角形排列，其孔心距 $a=(2.5\sim5)d_o$，常取 $a=(3\sim4)d_o$。

a/d_o 过小易形成气流相互扰动，过大则鼓泡不均匀，影响塔板的传质效率。

（3）开孔率 φ　筛板上筛孔总面积与开孔面积之比称为开孔率 φ。筛孔按正三角形排列时可按下式计算：

$$\varphi=\frac{A_o}{A_a}=\frac{0.907}{\left(\dfrac{a}{d_o}\right)^2} \tag{5-32}$$

式中　A_o——筛板上筛孔的总面积，m^2；

A_a——筛板上开孔区的总面积，m^2。

一般，开孔率大，塔板压降低，雾沫夹带量少，但操作弹性小，漏液量大，板效率低。通常开孔率为5%～15%。

(4) 筛孔数 n　筛板上的筛孔数按下式计算：

$$n=\left(\frac{1158\times10^3}{a^2}\right)\cdot A_a \tag{5-33}$$

式中　a ——孔心距，mm。

孔数确定后，在塔板开孔区内布筛孔，若布孔数较多可在适当位置堵孔。应予注意，若塔内上下段负荷变化较大时，应根据流体力学验算情况，分段改变筛孔数以提高全塔的操作稳定性。

(Ⅱ) 浮阀的开孔率及阀孔的排列

(1) 阀孔孔径　孔径由所选浮阀的型号决定。F1型浮阀使用较为普遍，已有标准可查，孔径为39mm。

(2) 阀数和开孔率　通过对塔板效率、板压降及生产能力作综合考虑，一般希望浮阀在刚全开时操作。浮阀刚全开时的阀孔气速称阀孔临界气速 $u_{o,c}$。阀孔临界动能因子一般为 $F_o=u_{o,c}=9\sim12$ 利用这一关系决定 $u_{o,c}$。

通常，阀孔气速 u_o 可以大于、小于、等于阀孔临界气速 $u_{o,c}$。如常压操作或加压操作都可以取 $u_o=u_{o,c}$。阀孔数 n 根据上升蒸汽量、阀孔气速 u_o、孔径 d_o 来计算，即：

$$n=\frac{V}{u_o\cdot\frac{\pi}{4}\cdot d_o^2} \tag{5-34}$$

式中　V ——上升蒸汽量，m^3/s；

u_o ——阀孔气速，m/s；

d_o ——孔径，m。

浮阀塔的开孔率是指阀孔面积与塔截面之比。即

$$\varphi=\frac{A_o}{A_T}=n\left(\frac{d_o}{D}\right)^2=\frac{u}{u_o} \tag{5-35}$$

式中　A_T ——塔板面积，m^2；

A_o ——阀孔总面积，m^2；

u ——适宜空塔气速，m/s；其他同上。

(3) 阀孔排列　阀孔安排应使大部分液体内部有气泡透过，一般按三角形排列。在三角形排列中又有顺排和叉排。如图5-11。

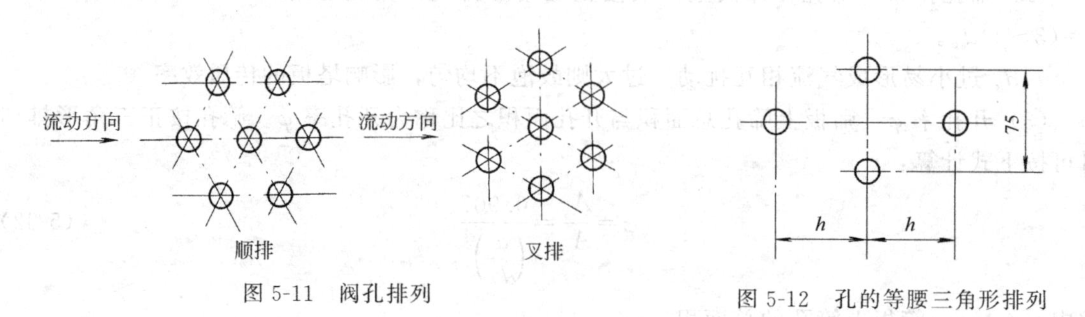

图5-11　阀孔排列

图5-12　孔的等腰三角形排列

在整块式塔板中，浮阀常以等边三角形排列，如图5-12所示，其孔心距一般有75mm、

100mm、125mm、150mm 等几种。在分块式塔板中，为了塔板便于分块，浮阀也可按等腰三角形排列，三角形的底边固定为 75mm，三角形的高度为 65、70、80、90、100、110mm 几种，必要时还可以调整。

第三节　塔板的流体力学验算

塔板流体力学验算，目的在于检验以上各项工艺尺寸的计算是否合理，塔板能否正常操作，以便决定是否需要对有关工艺尺寸进行必要的调整。为了进一步揭示塔板的操作性能，并做出塔板负荷性能图。

一、塔板压降

气体通过塔板的压降包括干板压降 h_c、板上液层阻力 h_f 以及鼓泡时克服液体表面张力的阻力 h_σ。由下式计算，即

$$h_p = h_c + h_f + h_\sigma \tag{5-36}$$

(1) 干板阻力 h_c 一般可按以下简化式计算，即

$$h_c = 0.051\left(\frac{u_o}{C_o}\right)^2\left(\frac{\rho_V}{\rho_L}\right) \tag{5-37}$$

式中　u_o——筛孔气速，m/s。

C_o——流量系数，对干板影响较大。可用图 5-13 求。

(2) 气体通过液层的阻力 h_f

$$h_f = \varepsilon_o h_L = \varepsilon_o (h_w + h_{ow}) \tag{5-38}$$

式中　ε_o——充气系数，近似取 0.5～0.6。

(3) 液体表面张力的阻力 h_σ

$$h_\sigma = \frac{4\sigma}{\rho_L \cdot g \cdot d_o} \tag{5-39}$$

式中，σ 为液体的表面张力，N/m。

气体通过筛板的压降值应低于设计允许值。

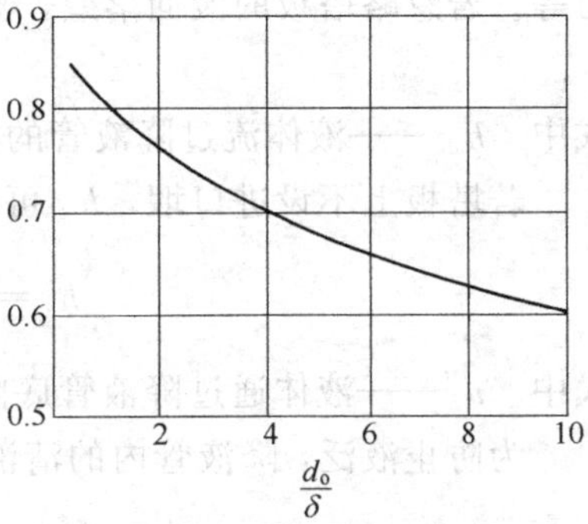

图 5-13　干筛板的流量系数

二、雾沫夹带量

雾沫夹带指气流穿过板上液层时夹带雾滴进入上层塔板的现象，它影响塔板分离效率，为保持塔板一定效率，应控制雾沫夹带量。综合考虑生产能力和板效率，每 kg 上升气体夹带到上一层塔板的液体量不超过 0.1 kg，即控制雾沫夹带量 $e_v < 0.1$kg(液体)/kg(气体)。计算雾沫夹带量的方法很多，推荐采用 Hunt 的经验式，如下式所示。

$$e_v = \frac{5.7\times10^{-6}}{\sigma}\left(\frac{u_a}{H_T - h_f}\right)^{3.2} \tag{5-40}$$

式中　h_f——塔板上的鼓泡层高度，可以按泡沫层相对比例为 0.4 来考虑，即

$$h_f = (h_L/0.4) = 2.5h_L$$

u_a——按有效流通面积计算的气速，m/s，对单流型塔板，u_a 按下式计算，即

$$u_a=\frac{V_s}{A_T-A_f}$$

式中，A_T、A_f 分别为全塔、降液管的面积，m^2。

三、漏液点气速

当气速逐渐减小至某值时，塔板将发生明显的漏液现象，该气速称为漏液点气速。若气速继续降低，更严重的漏液将使筛板不能积液而破坏正常操作，故漏液点为筛板的下限气速。

漏液点气速常依下式计算，即

$$u_{ow}=4.4C_o\sqrt{(0.0056+0.13h_L-h_\sigma)\frac{\rho_L}{\rho_V}} \tag{5-41}$$

当 $h_L<30mm$ 或筛孔较小时，用下式计算：

$$u_{ow}=4.4C_o\sqrt{(0.01+0.13h_L-h_\sigma)\frac{\rho_L}{\rho_V}} \tag{5-42}$$

考虑筛板操作的稳定性系数 K，即 $K=u_o/u_{ow}>(1.5\sim2.0)$。如果 K 偏小，可以适当减小开孔率或降低堰高。

四、液泛

降液管内的清液层高度 H_d 用于克服塔板阻力、板上液层的阻力和液体流过降液管的阻力等。若忽略塔板的液面落差，则可用下式表达：

$$H_d=h_p+h_L+h_d \tag{5-43}$$

式中　h_d——液体流过降液管的液柱高度，m。

若塔板上不设进口堰，h_d 可按如下经验式计算，即

$$h_d=0.153\left(\frac{L_s}{l_w\cdot h_o}\right)^2=0.153(u_o')^2 \tag{5-44}$$

式中　u_o'——液体通过降液管底隙时的流速，m/s。

为防止液泛，降液管内的清液层高度 H_d 应为：

$$H_d\leqslant\Phi(H_T+h_w) \tag{5-45}$$

校正系数 Φ 一般物系取 0.5，易起泡物系取 0.3～0.4，不易发泡物系取 0.6～0.7。

塔板经以上各项流体力学验算合格后，还需绘出塔板的负荷性能图。

五、塔板负荷性能图

对各项结构参数以定的筛板，须将气液负荷限制在一定范围内，以维持塔板的正常操作。可用气液相负荷关系线（即 $V_s\sim L_s$ 线）表达允许的气液负荷波动范围，这种关系线即为塔板负荷性能图。对有溢流的塔板，可用下列界限曲线表达负荷性能图，如图 5-14 所示。

（1）雾沫夹带线①　取 $e_v=0.1$kg 液/kg 气，由式（5-40）标绘 $V_s\sim L_s$ 线。

（2）液泛线②　根据降液管内液层最高允许高度，联立式（5-36）、式（5-43）、式（5-44）、式（5-45）做出此线。

（3）液相上限线③　取液相在降液管内停留时间最低允许值（3～5s），计算出最大液相

负荷 $L_{s,max}$，做出此线，即 $L_{s,max}=A_f H_T/\tau$。

(4) 漏夜线④　由式(5-41)或式(5-42)标绘对应 $V_s \sim L_s$ 做出。

(5) 液相负荷下限线⑤　取堰上液层高度最小允许值 $h_{ow}=0.006\text{m}$，平堰由下式计算：

$$0.006=h_{ow}=12.84\times10^{-3}E\left(\frac{3600\ L_{s,min}}{l_w}\right)^{2/3}$$

由此求得最小液相负荷为常数做出。

(6) 塔的操作弹性

在塔的操作液气比下，如图 5-14 所示，操作线与界限曲线交点的气相最大负荷与气相允许最低负荷之比，称为操作弹性。

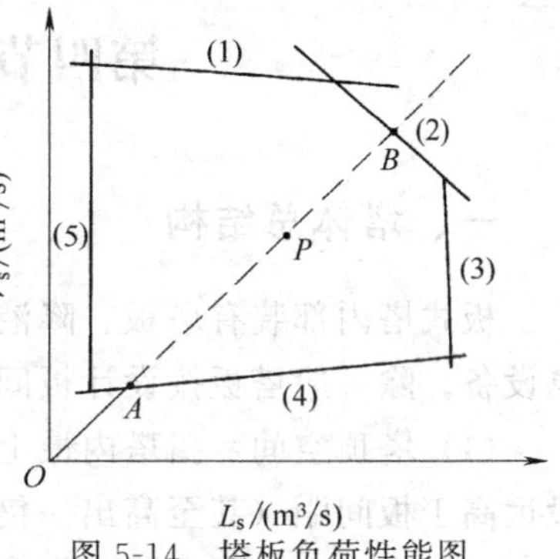

图 5-14　塔板负荷性能图

设计塔板时，可适当调整塔板结构参数使操作点在图中适中位置，以提高塔的操作弹性。

$$K=\frac{V_{s,max}}{V_{s,min}} \tag{5-46}$$

六、板式精馏塔工艺设计框图

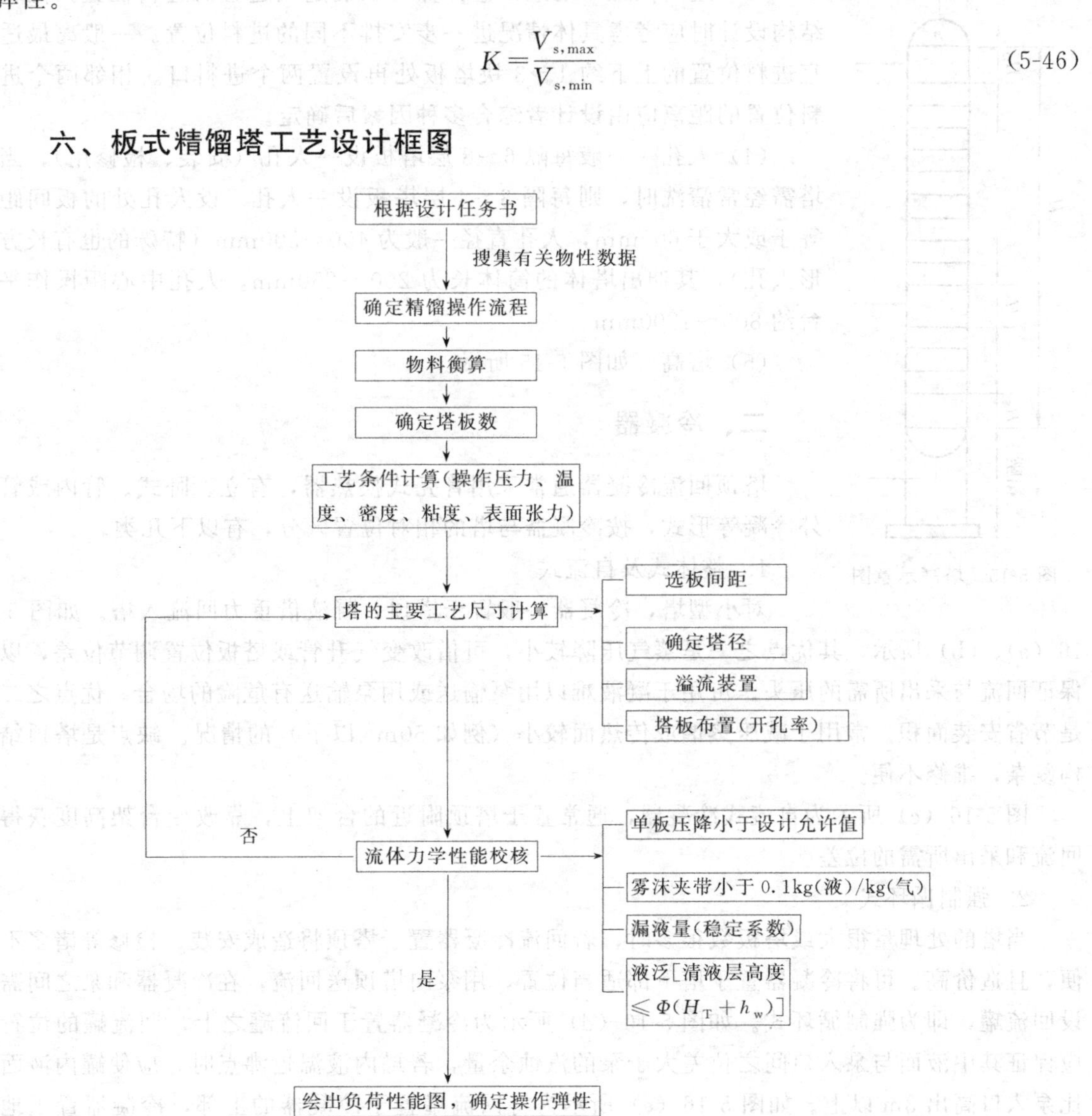

第四节　精馏装置附属设备与接管

一、塔体总结构

板式塔内部装有塔板、降液管、各物流的进出口管及人孔（手孔）、基座、除沫器等附属设备。除一般塔板按设计板间距安装外，其他处根据需要决定其间距。

(1) 塔顶空间　指塔内最上层塔板与塔顶的间距。为利于出塔气体夹带的液滴沉降，此段远高于板间距（甚至高出一倍以上），或根据除沫器要求高度决定。

(2) 塔底空间　指塔内最下层塔板到塔底间距。其值由如下二因素决定，即：①塔底贮液空间依贮存液量停留 3～5min 或更长时间（易结焦物料可缩短停留时间）而定；②塔底液面至最下层塔板之间要有 1～2m 的间距，大塔可大于此值。

(3) 进料位置　通过工艺计算可以确定最适宜的进料位置，但在结构设计时应考虑具体情况进一步安排不同的进料位置。一般离最适宜进料位置的上下约 1～3 块塔板处再设置两个进料口。相邻两个进料位置的距离应由设计者综合多种因素后确定。

(4) 人孔　一般每隔 6～8 层塔板设一人孔（安装、检修用），当塔需经常清洗时，则每隔 3～4 层塔板设一人孔。设人孔处的板间距等于或大于 600mm，人孔直径一般为 450～500mm（特殊的也有长方形人孔），其伸出塔体的筒体长为 200～250mm，人孔中心距操作平台约 800～1200mm。

(5) 塔高　如图 5-15 所示。

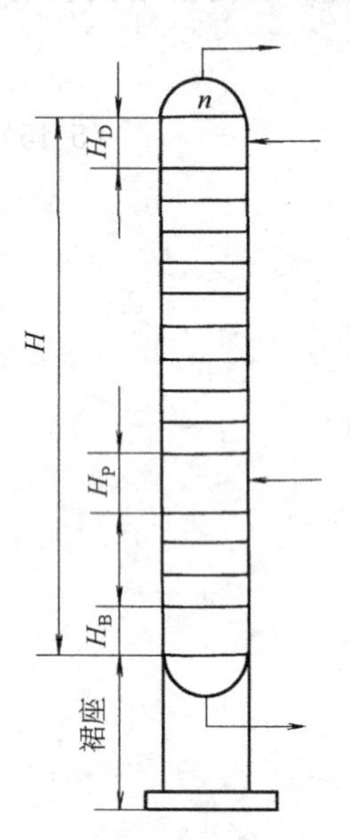

图 5-15　塔高示意图

二、冷凝器

塔顶回流冷凝器通常采用管壳式换热器，有立、卧式、管内或管外冷凝等形式，按冷凝器与塔的相对位置区分，有以下几类。

1. 整体式及自流式

对小型塔，冷凝器一般置于塔顶，凝液借重力回流入塔。如图 5-16 (a)、(b) 所示，其优点之一是蒸气压降较小，可借改变气升管或塔板位置调节位差，以保证回流与采出所需的压头。可用于凝液难以用泵输送或用泵输送有危险的场合。优点之二是节省安装面积。常用于减压蒸馏或传热面较小（例如 $50m^2$ 以下）的情况。缺点是塔顶结构复杂，维修不便。

图 5-16 (c) 所示为自流式冷凝器，通常置于塔顶附近的台架上，靠改变台架高度获得回流和采出所需的位差。

2. 强制循环式

当塔的处理量很大或塔板数很多时，若回流冷凝器置于塔顶将造成安装、检修等诸多不便，且造价高。可将冷凝器置于塔下部适当位置，用泵向塔顶送回流，在冷凝器和泵之间需设回流罐，即为强制循环式。如图 5-16 (d) 所示为冷凝器置于回流罐之上，回流罐的位置应保证其中液面与泵入口间之位差大于泵的汽蚀余量，若罐内液温近沸点时，应使罐内液面比泵入口高出 3m 以上。如图 5-16 (e) 所示为将回流罐置于冷凝器的上部，冷凝器置于地面，凝液借压差流入回流罐中，这样可减少台架，且便于维修，主要用于常压或加压蒸馏。

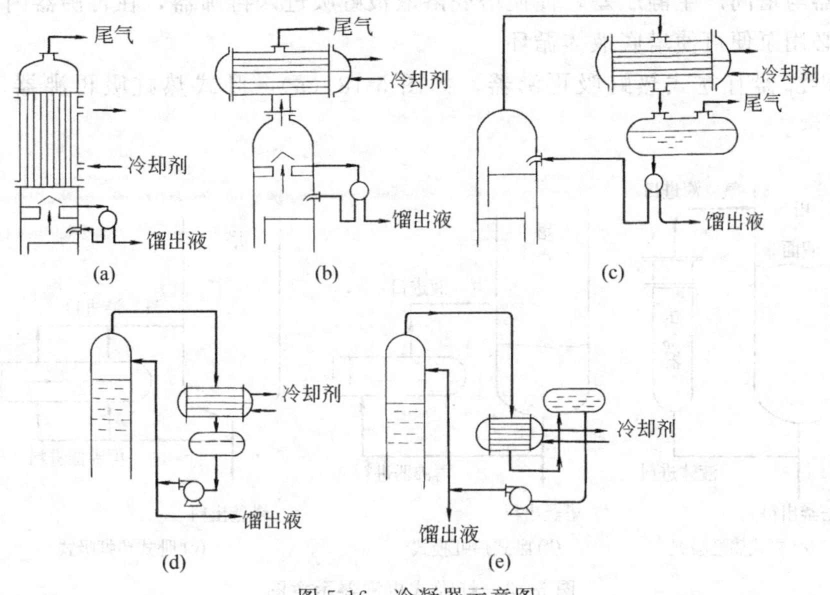

图 5-16　冷凝器示意图

三、再沸器

该装置是用于加热塔底料液使之部分气化，提供蒸馏过程所需热量的热交换设备，常用以下几种。

1. 内置式再沸器（蒸馏釜）

此系直接将加热装置设于塔底部，可采用夹套、蛇管或列管式加热器。其装料系数依物系起泡倾向取为 60%～80%。

图 5-17（a）系小型蒸馏塔常用的内置式再沸器（蒸馏釜）。

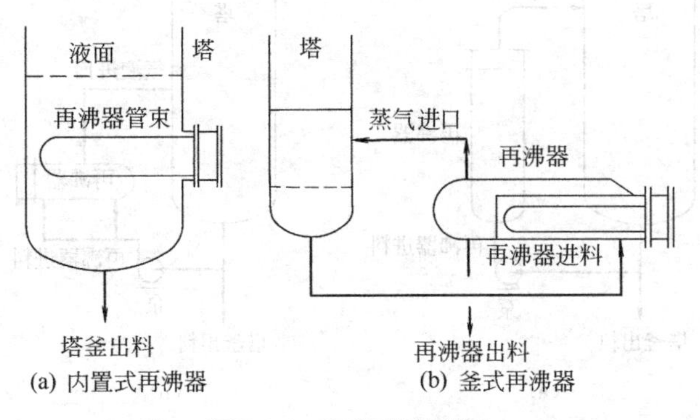

图 5-17　再沸器示意图

2. 釜式（罐式）再沸器

对直径较大的塔，一般将再沸器置于塔外，如图 5-17（b）所示。其管束可抽出，为保证管束浸于沸腾液中，管束末端设溢流堰，堰外空间为出料液的缓冲区。其液面以上空间为气液分离空间。

3. 虹吸式再沸器

利用热虹吸原理，即再沸器内液体被加热部分气化后，气液混合物密度小于塔内液体密度，使再沸器与塔间产生静压差，促使塔底溶液被虹吸进入再沸器，在再沸器内气化后返回塔，因而不必用泵便可使塔底液体循环。

热虹吸再沸器有立式热虹吸再沸器，如图 5-18（a），卧式热虹吸再沸器，如图 5-18（b）、（c）所示。

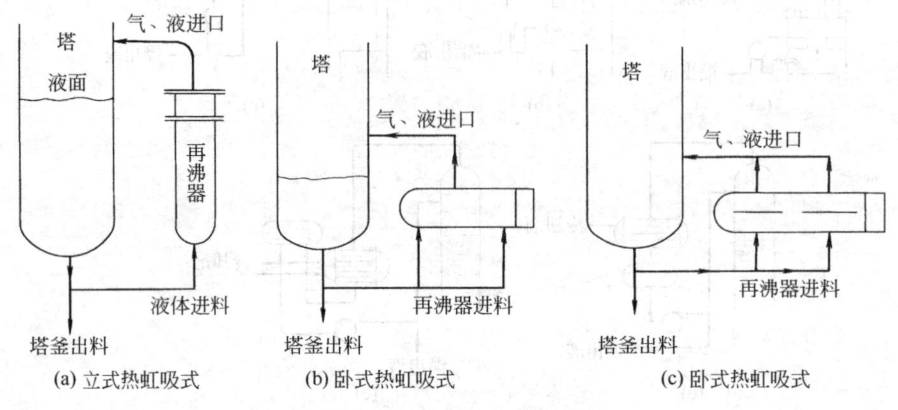

图 5-18　虹吸式再沸器示意图

4. 强制循环式再沸器

对高粘度液体如热敏性物料宜用泵强制循环式再沸器，因其流速大，停留时间短，便于控制和调节液体循环量。如图 5-19（a）、（b）所示。

再沸器的选型依据工艺要求和再沸器的特点，并结合经济因素考虑。如处理能力较小，循环量小，或精馏塔为饱和蒸气进料时，所需传热面积较小，选用立式热虹吸再沸器较宜，其按单位面积计的再沸器金属耗量低于其他型式。并且还具有传热效果较好、占地面积小、连接管线短等优点。

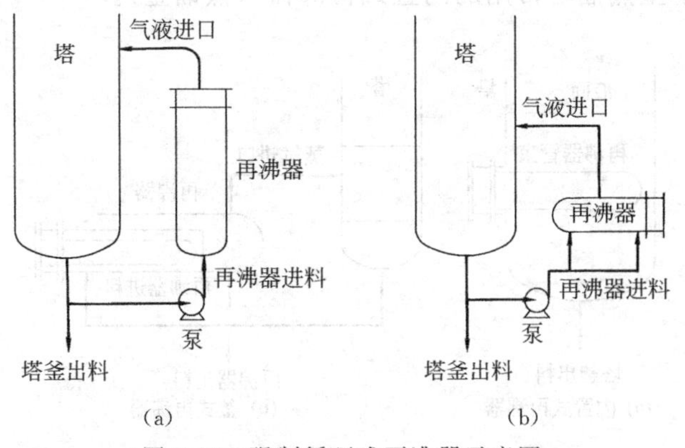

图 5-19　强制循环式再沸器示意图

但立式热虹吸再沸器安装时要求精馏塔底部液面与再沸器顶部管板相平，要有固定标高，其循环速率受流体力学因素制约。当处理能力大，要求循环大，传热面也大时，常选用卧式热虹吸再沸器。一则由于随传热面加大其单位面积的金属耗量降低较快，二是其循环量受流体力学因素影响较小，可在一定范围内调整塔底与再沸器之间的高度差以适应要求。

热虹吸再沸器的气化率不能大于 40%，否则传热不良，且因加热管不能充分润湿而易结垢，由于料液在再沸器中滞留时间较短也难以提高气化率。若要求较高气化率，宜采用罐式再沸器，其气化率可达 80%。此外，对于某些塔底物料需分批移除的塔或间歇精馏塔，因操作范围变化大，也宜采用罐式再沸器。仅在塔底物料粘度很高，或易受热分解而结垢等特殊情况下，才考虑采用泵强制循环式再沸器。

再沸器的传热面积是决定塔操作弹性的一个主要因素，故估算其传热面积时，安全系数要适当选大一些，以防塔底蒸发量不足影响操作。

四、塔的主要接管

塔的接管尺寸由管内蒸气速度及梯级流量决定。各接管允许的蒸气速度简介如下。

① 塔顶蒸气出口管径。各种操作压力下管内蒸气许可速度如表 5-2 所示。

表 5-2 管内蒸气许可速度

操作压力(绝压)/kPa	蒸气流速/(m/s)
常压	12～20
13.3～6.7	30～45
6.7 以下	45～60

② 回流液管径。借重力回流时，回流液速度一般为 0.2～0.5m/s；用泵输送回流液时，速度为 1～2.5m/s。

③ 进料管。料液由高位槽流入塔内时，速度可取为 0.4～0.8m/s；泵送料液入塔时，速度取为 1.5～2.5m/s。

④ 出料管。塔釜液出塔的速度一般可取为 0.5～1.0m/s。

⑤ 饱和水蒸气管径。表压为 295kPa 以下时，速度取为 20～40m/s；表压为 785kPa 以下时，速度取为 40～60m/s；表压为 2950kPa 以上时，速度取为 80m/s。

第五节　板式精馏塔工艺设计计算举例

在常压连续浮阀精馏塔中精馏分离含苯 40%的苯-甲苯混合液，要求塔顶馏出液中含苯量不小于 98%，塔底釜液中含苯量不大于 2%（以上均为质量分数）。年生产能力 6.6 万 t（生产时间 300 天/年）。

已知参数：(1) 原料预热到泡点入塔；

(2) 塔顶采用全凝器泡点回流；

(3) 塔釜采用间接饱和水蒸气加热；

(4) 回流比 $R=(1.1\sim2.0)R_{\min}$，由设计者设计而定。

设计计算

(一) 精馏流程的确定

苯-甲苯混合料液经预热器加热至泡点后，用泵送入精馏塔。塔顶上升蒸气采用全凝器凝凝后，部分回流，其余作为塔顶产品经冷却器冷却后送至贮槽。塔釜采用间接蒸汽再沸器供热，塔底产品经冷却后送入贮槽。工艺流程图略。

(二) 塔的物料衡算

1.查阅文献，整理有关物性数据

(1) 苯和甲苯的物理性质

项 目	分子式	相对分子质量	沸点/℃	临界温度/℃	临界压力/kPa
苯 (A)	C_6H_6	78.11	80.1	288.5	6833.4
甲苯 (B)	$C_6H_6—CH_3$	92.13	110.6	318.57	4107.7

(2) 常压下苯和甲苯的气液平衡数据

温度 t/℃	液相中苯的摩尔分数 x	气相中苯的摩尔分数 y	温度 t/℃	液相中苯的摩尔分数 x	气相中苯的摩尔分数 y
110.56	0.00	0.00	90.11	55.0	75.5
109.91	1.00	2.50	80.80	60.0	79.1
108.79	3.00	7.11	87.63	65.0	82.5
107.61	5.00	11.2	86.52	70.0	85.7
105.05	10.0	20.8	85.44	75.0	88.5
102.79	15.0	29.4	84.40	80.0	91.2
100.75	20.0	37.2	83.33	85.0	93.6
98.84	25.0	44.2	82.25	90.0	95.9
97.13	30.0	50.7	81.11	95.0	98.0
95.58	35.0	56.6	80.66	97.0	98.8
94.09	40.0	61.9	80.21	99.0	99.61
92.69	45.0	66.7	80.01	100.0	100.0
91.40	50.0	71.3			

(3) 饱和蒸气压 p°　苯、甲苯的饱和蒸气压可用 Antoine 方程求算。

(4) 其他有液相混合物密度 ρ_L、液体表面张力 σ、液体粘度 μ_L、液体汽化热 γ。(略)

2.料液及塔顶、塔底产品的摩尔分数

$$x_F=\frac{40/78.11}{40/78.11+60/92.13}=0.440$$

$$x_D=\frac{98/78.11}{98/78.11+2/92.13}=0.983$$

$$x_W=\frac{2/78.11}{2/78.11+98/92.13}=0.024$$

3.平均摩尔质量

$$M_F=0.440\times78.11+(1-0.440)\times92.13=85.96\text{kg/kmol}$$

$$M_D=0.983\times78.11+(1-0.983)\times92.13=78.35\text{kg/kmol}$$

$$M_W=0.024\times78.11+(1-0.024)\times92.13=91.80\text{kg/kmol}$$

4.物料衡算

已知：$F'=9170\text{kg/h}$

总物料衡算　　$F'=D'+W'=9170$

易挥发组分物料衡算　　$0.98D'+0.02W'=0.4\times9170$

联立以上二式得：

$$F=\frac{9170}{85.96}=106.68\text{kmol/h}$$

$D'=3629.8\text{kg/h}$ $\qquad D=\frac{3629.8}{78.35}=46.33\text{kmol/h}$

$W'=5540.2\text{kg/h}$ $\qquad W=\frac{5540.2}{91.80}=60.35\text{kmol/h}$

(三）塔板数的确定

1.理论塔板数 N_T 的求取

苯、甲苯属理想物系，可采用 M. T. 图解法求 N_T。

(1) 根据苯、甲苯得气液平衡数据作 y-x 图及 t-x-y 图，参见图 5-20 及图 5-21。

(2) 求最小回流比 R_{min} 及操作回流比 R。因泡点进料，在图 5-20 中对角线上自点 e (0.44，0.44) 作垂线即为进料线（q 线），该线与平衡线的交点坐标为 $y_q=0.658$，$x_q=0.440$，该点就是最小回流比时操作线与平衡线的交点坐标。

根据最小回流比计算式：

$$R_{min}=\frac{x_D-y_q}{y_q-x_q}=\frac{0.983-0.658}{0.658-0.440}=1.49$$

由工艺条件决定　$R=1.6R_{min}$

故取操作回流比　$R=1.6\times1.49=2.38$

(3) 求理论板数 N_T

精馏段操作线为：

$$y=\frac{R}{R+1}x+\frac{x_D}{R+1}=0.704x+0.29$$

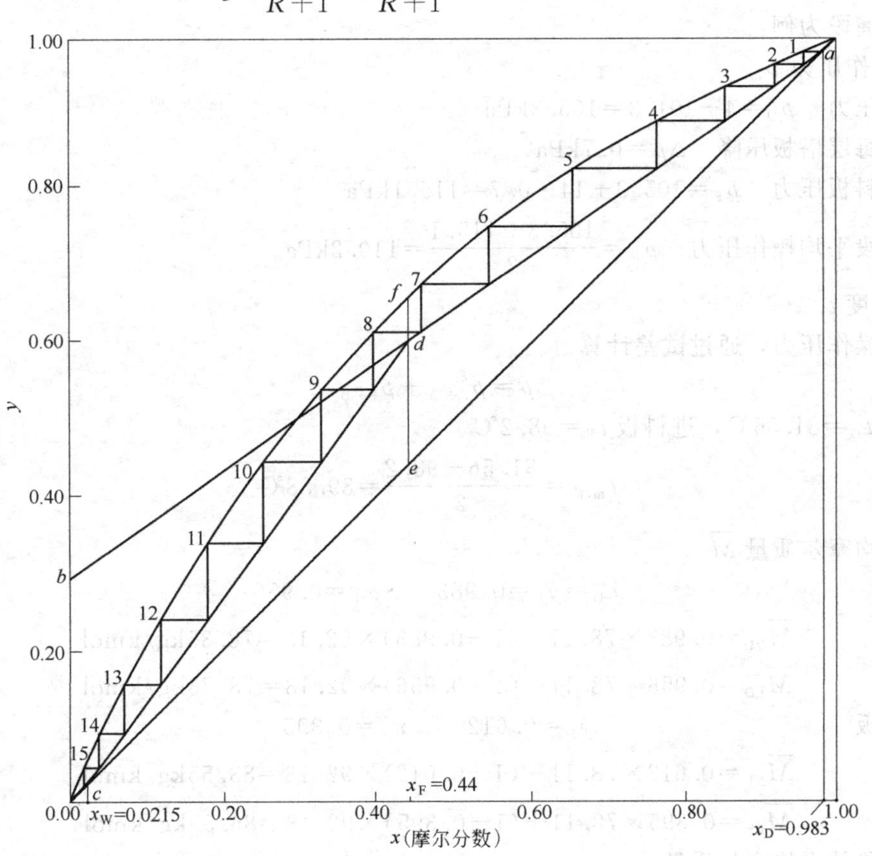

图 5-20　苯、甲苯的 y-x 图及图解理论板

如图 5-20 所示，作图法解得：

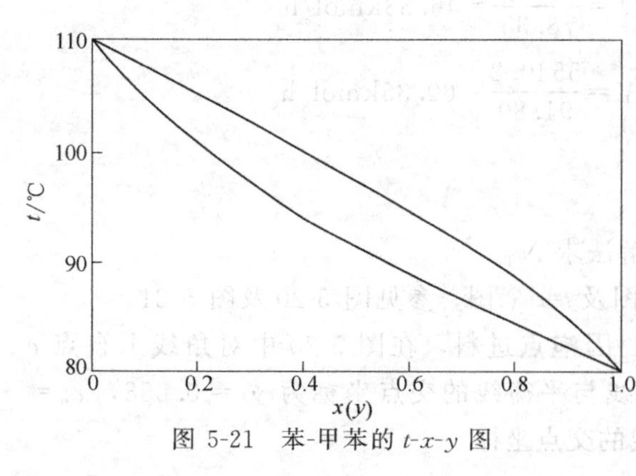

图 5-21　苯-甲苯的 t-x-y 图

$N_T=(14.7-1)$块(不包括塔釜)。其中精馏段理论板数为 7 块，提馏段为 6.7 块(不包括塔釜)，并且第 8 块为进料板。

2. 全塔总效率 E_T

因为　$E_T=0.17-0.616\lg\mu_m$

根据塔顶、塔釜液相组成查图 5-21，求塔的平均温度为 94.8℃，该温度下进料液相平均粘度为：

$$\mu_m=0.440\mu_{苯}+(1-0.440)\mu_{甲苯}$$
$$=0.440\times0.265+(1-0.440)\times0.28$$
$$=0.273(\text{mPa}\cdot\text{s})$$

故

$$E_T=0.17-0.616\times\lg0.273$$
$$=0.52=52\%$$

3. 实际塔板数 N_p

精馏段　$$N_{精}=\frac{7}{0.52}=13.5\approx14\text{ 块}$$

提馏段　$$N_{提}=\frac{6.7}{0.52}=12.9\approx13\text{ 块}$$

(四) 塔的工艺条件及物性数据计算

以精馏段为例：

1. 操作压力 p_m

塔顶压力　$p_D=4+101.3=105.3\text{kPa}$

若取每层塔板压降　$\Delta p=0.7\text{kPa}$

则进料板压力　$p_F=105.3+14\times0.7=115.1\text{kPa}$

精馏段平均操作压力　$p_m=\frac{105.3+115.1}{2}=110.2\text{kPa}$。

2. 温度 t_m

根据操作压力，通过试差计算。

$$p=p_A^{\circ}x_A+p_B^{\circ}x_B$$

塔顶 $t_D=81.56$℃，进料板 $t_F=98.2$℃

$$t_{m,精}=\frac{81.56+98.2}{2}=89.88℃$$

3. 平均摩尔质量 $\overline{M}$

塔顶　　$x_D=y_1=0.983$　　$x_1=0.956$

$$\overline{M}_{VD}=0.983\times78.11+(1-0.983)\times92.13=78.35\text{kg/kmol}$$
$$\overline{M}_{LD}=0.956\times78.11+(1-0.956)\times92.13=78.73\text{kg/kmol}$$

进料板　　$y_F=0.612$　　$x_F=0.395$

$$\overline{M}_{VF}=0.612\times78.11+(1-0.612)\times92.13=83.55\text{kg/kmol}$$
$$\overline{M}_{LF}=0.395\times78.11+(1-0.395)\times92.13=86.59\text{kg/kmol}$$

精馏段的平均摩尔质量

$$\overline{M}_{V,精}=\frac{78.35+83.55}{2}=80.95kg/kmol$$

$$\overline{M}_{L,精}=\frac{78.73+86.59}{2}=82.66kg/kmol$$

4. 平均密度 ρ_m

(1) 液相密度 $\rho_{L,m}$

$$\frac{1}{\rho_{L,m}}=\frac{w_A}{\rho_{L,A}}+\frac{w_B}{\rho_{L,B}} \quad (w\ 为质量分数)$$

塔顶
$$\frac{1}{\rho_{L,m}}=\frac{0.98}{813.3}+\frac{0.02}{808.5}$$

$$\rho_{L,m}=813.2kg/m^3$$

进料板　由进料板液相组成 $x_A=0.395$

$$w_A=\frac{0.395\times78.11}{0.395\times78.11+(1-0.395)\times92.13}=0.36$$

$$\frac{1}{\rho_{LF,m}}=\frac{0.36}{794.6}+\frac{1-0.36}{792.1}$$

$$\rho_{LF,m}=793.0kg/m^3$$

故精馏段平均液相密度

$$\rho_{L,m精}=\frac{813.2+793.0}{2}=803.1kg/m^3$$

(2) 气相密度 $\rho_{V,m}$

$$\rho_{V,m精}=\frac{p\overline{M}_{精}}{RT}=\frac{110.2\times80.95}{8.314\times(273+89.88)}=2.96kg/m^3$$

5. 液体表面张力 σ_m

$$\sigma_m=\sum_{i=1}^{n}x_i\sigma_i$$

$$\sigma_{m,D}=0.983\times21.08+0.017\times21.52=21.09mN/m$$

$$\sigma_{m,F}=0.395\times19.07+0.605\times20.06=19.67mN/m$$

$$\sigma_{m,精}=\frac{21.09+19.67}{2}=20.38mN/m$$

6. 液体粘度 $\mu_{L,m}$

$$\mu_{L,m}=\sum_{i=1}^{n}x_iu_i$$

$$\mu_{L,D}=0.983\times0.303+0.017\times0.307=0.303mPa\cdot s$$

$$\mu_{L,F}=0.395\times0.259+0.605\times0.268=0.264mPa\cdot s$$

$$\mu_{Lm精}=\frac{0.303+0.264}{2}=0.284mPa\cdot s$$

以提馏段为例略。

(五) 精馏段气液负荷计算

$$V=(R+1)D=(2.38+1)\times46.33=156.78kmol/h$$

$$V_s=\frac{V\cdot\overline{M}_{V精}}{3600\rho_{V,m精}}=\frac{156.78\times80.95}{3600\times2.96}=1.19m^3/s$$

$$L=RD=2.38\times46.33=110.5\text{kmol/h}$$

$$L_s=\frac{L\cdot\overline{M}_{L精}}{3600\rho_{L,m精}}=\frac{110.5\times82.66}{3600\times803.1}=0.0032\text{m}^3/\text{s}$$

（六）提馏段气液负荷计算

$$V'=V=156.78\text{kmol/h}$$

$$V_s'=\frac{V'\overline{M}_{V提}}{3600\rho_{V,m提}}=\frac{156.78\times87.68}{3600\times3.32}=1.15\text{m}^3/\text{s}$$

$$L'=L+F=110.5+106.68=217.18\text{kmol/h}$$

$$L_s'=\frac{L'\overline{M}_{L提}}{3600\rho_{L,m提}}=\frac{217.18\times89.31}{3600\times783.3}=0.007\text{m}^3/\text{s}$$

（七）塔和塔板主要工艺尺寸计算

1. 塔径

首先考虑精馏段

参考表 5-1，初选板间距 $H_T=0.45\text{m}$

取板上液层高度 $h_L=0.07\text{m}$。

故

$$H_T-h_L=0.45-0.07=0.38\text{m}$$

$$\left(\frac{L_s}{V_s}\right)\left(\frac{\rho_L}{\rho_V}\right)^{1/2}=\left(\frac{0.0032}{1.19}\right)\times\left(\frac{803.1}{2.96}\right)^{1/2}=0.0443$$

查图 5-6 得 $C_{20}=0.085$

根据式（5-23）校核至物系表面张力为 20.38mN/m 时的 C，即

$$C=C_{20}\left(\frac{\sigma}{20}\right)^{0.2}$$

$$=0.085\left(\frac{20.38}{20}\right)^{0.2}=0.0853$$

$$u_{max}=C\sqrt{\frac{\rho_L-\rho_V}{\rho_V}}=0.0853\sqrt{\frac{803.1-2.96}{2.96}}=1.40\text{m/s}$$

可取安全系数 0.70，则

$$u=0.70u_{max}=0.7\times1.40=0.98\text{m/s}$$

故

$$D=\sqrt{\frac{4V_s}{\pi u}}=\sqrt{\frac{4\times1.19}{3.14\times0.98}}=1.24\text{m}$$

按标准，塔径圆整为 1.4m，则空塔气速为 1.04m/s

2. 溢流装置

采用单溢流、弓形降液管、平形受液盘、平形溢流堰，不设进口堰。

（1）堰长 l_w

取堰长

$$l_w=0.684D$$

$$l_w=0.684\times1.4=0.958\text{m}$$

（2）出口堰高 h_w

$$h_w=h_L-h_{ow}$$

因为

$$\frac{l_w}{D}=\frac{0.958}{1.4}=0.684$$

$$\frac{L_h}{l_w^{2.5}}=\frac{11.52}{(0.958)^{2.5}}=12.9$$

查液流收缩系数计算图(化学工程手册)

得
$$E=1.03$$

$$h_{ow}=\frac{2.84}{1000}\times E\left(\frac{L_h}{l_w}\right)^{2/3}$$
$$=\frac{2.84}{1000}\times 1.03\left(\frac{11.52}{0.958}\right)^{2/3}$$
$$=0.016\text{m}$$

故
$$h_w=0.07-0.016=0.054\text{m}$$

(3) 降液管的宽度 W_d 与降液管的面积 A_f

由$\frac{l_w}{D}=0.684$ 查《化工设计手册》

得
$$\frac{W_d}{D}=0.13,\quad \frac{A_f}{A_T}=0.08$$

故
$$W_d=0.13D=0.13\times 1.4=0.18\text{m}$$

$$A_f=0.08\times\frac{\pi}{4}D^2=0.08\times 0.785\times 1.4^2=0.12\text{m}^2$$

停留时间
$$\tau=\frac{A_f H_T}{L_s}$$
$$=\frac{0.12\times 0.45}{0.0032}$$
$$=16.8\text{s}\ (>3\sim 5\text{s})\ (\text{符合要求})$$

(4) 降液管底隙高度 h_o

$$h_o=h_w-0.006$$
$$=0.054-0.006$$
$$=0.048\text{m}$$

3. 塔板布置及浮阀数目及排列

取阀孔动能因子 $F_o=12$

孔速
$$u_o=\frac{F_o}{\sqrt{\rho_{V,m}}}=\frac{12}{\sqrt{2.96}}=6.97\text{m/s}$$

浮阀数
$$n=\frac{V_s}{\frac{\pi}{4}d^2\times u_o}$$

$$=\frac{1.19}{0.785\times 0.039^2\times 6.97}=143\ (\text{个})$$

取无效区宽度 $W_c=0.06\text{m}$

安定区宽度 $W_s=0.07\text{m}$

开孔区面积

$$A_a=2\left[x\sqrt{R^2-x^2}+\frac{\pi}{180}R^2\sin^{-1}\frac{x}{R}\right]$$

$$R=\frac{D}{2}-W_c=\frac{1.4}{2}-0.06=0.064\text{m}$$

$$x=\frac{D}{2}-(W_d+W_s)=\frac{1.4}{2}-(0.156+0.07)=0.474\text{m}$$

故
$$A_a=2\left[0.474\sqrt{0.64^2-0.474^2}+\frac{3.14}{180}\times0.64^2\sin^{-1}\frac{0.474}{0.64}\right]$$
$$=0.88\text{m}^2$$

浮阀排列方式采用等腰三角形叉排。

取同一横排的孔心距 $a=75\text{mm}=0.075\text{m}$

估算排间距 h

$$h=\frac{A_a}{n\cdot a}=\frac{0.88}{143\times0.075}=0.082\text{m}$$

考虑到塔径较大，必须采用分块式塔板。所以适当考虑支承塔板所占用面积。排间距可采用 0.080m，按 $a=75\text{mm}$，$h=80\text{mm}$ 重新排列阀孔，实际阀孔数为 148 个，并核孔速及阀孔动能因数

$$u_o=\frac{V_s}{\frac{\pi}{4}d^2n}=\frac{1.19}{0.785\times0.039^2\times148}=6.73\text{m/s}$$

$$F_o=u_o\sqrt{\rho_V}=6.73\times\sqrt{2.96}=11.58$$

阀孔动能因数变化不大，仍在 9～12 范围内。

塔板开孔率 $$\varphi=\frac{u}{u_o}=\frac{1.04}{6.73}=15\%$$

(八) 塔板流体力学校核

1. 气相通过浮阀塔板的压力降，由式 (5-36) 得

$$h_p=h_c+h_f+h_\sigma$$

(1) 干板阻力

$$h_c=5.34\frac{\rho_V u_o^2}{2\rho_L g}=5.34\frac{2.96\times6.73^2}{2\times803.1\times9.81}=0.045\text{m}$$

(2) 液层阻力。取充气系数 $\varepsilon_o=0.5$，有

$$h_f=\varepsilon_o h_L=0.5\times0.07=0.035\text{m}$$

(3) 液体表面张力所造成阻力。此项可以忽略不计。

故气体流经一层浮阀塔塔板的压力降的液柱高度为：$h_p=0.045+0.035=0.08\text{m}$

单板压降 $\Delta p_p=h_p\rho_L g=0.08\times803.1\times9.81=603.3\text{Pa}$（$<0.7\text{kPa}$，符合设计要求）。

2. 淹塔

为了防止淹塔现象发生，要求控制降液管中清液层高度符合 $H_d\leqslant\Phi(H_T+h_w)$，其中

$$H_d=h_p+h_L+h_d$$

由前计算知 $h_p=0.08\text{m}$，按式 (5-44) 计算

$$h_d=0.153\left(\frac{L_s}{l_w h_o}\right)^2=0.153\left(\frac{0.0032}{0.958\times0.048}\right)^2=0.00094\text{m}$$

板上液层高度 $h_L=0.07\text{m}$，得：

$$H_d=0.08+0.07+0.00094=0.151\text{m}$$

取 $\Phi=0.5$，板间距为 0.45m，$h_w=0.054\text{m}$，有

$$\Phi(H_T+h_w)=0.5\times(0.45+0.054)=0.252\text{m}$$

由此可见：$H_d<\Phi(H_T+h_w)$，符合要求。

3. 雾沫夹带　由式（5-40）可知 $e_V<0.1$kg 液/kg 气

$$e_V=\frac{5.7\times10^{-6}}{\sigma}\left(\frac{u_a}{H_T-h_f}\right)^{3.2}$$

$$=\frac{5.7\times10^{-6}}{20.4\times10^{-3}}\left(\frac{0.85}{0.45-2.5\times0.06}\right)^{3.2}$$

$=0.013$kg(液)/kg(气)[<0.1kg(液)/kg(气)，符合要求]

浮阀塔也可以考虑泛点率，参考化学工程手册。

$$泛点率=\frac{V_s\sqrt{\dfrac{\rho_V}{\rho_L-\rho_V}}+1.36L_s l_L}{KC_F A_b}\times100\%$$

$$l_L=D-2W_d=1.4-2\times0.156=1.09\text{m}$$

$$A_b=A_T-2A_f=1.13-2\times0.09=0.95\text{m}^2$$

式中　l_L ——板上液体流经长度，m；

A_b ——板上液流面积，m^2；

C_F ——泛点负荷系数，取 0.126；

K ——特性系数，取 1.0。

$$泛点率=\frac{1.19\sqrt{\dfrac{2.96}{803.1-2.96}}+1.36\times0.0032\times1.09}{1.0\times0.126\times0.95}\times100\%$$

$=64\%$（$<80\%$，符合要求）

(九) 塔板负荷性能图

1. 雾沫夹带线

按泛点率$=80\%$计算

$$\frac{V_s\sqrt{\dfrac{2.96}{803.1-2.96}}+1.36L_s\times1.09}{1.0\times0.126\times0.95}=0.80$$

将上式整理得

$$0.061V_s+1.21L_s=0.089$$

$$V_s=1.57-20L_s$$

V_s 与 L_s 分别取值获得一条直线，数据如下表。

$L_s/(m^3/s)$	0.0032	0.008
$V_s/(m^3/s)$	1.51	1.41

2. 液泛线

通过式（5-43）以及式（5-36）得

$$\Phi(H_T+h_w)=h_p+h_L+h_d=h_c+h_f+h_\sigma+h_L+h_d$$

由此确定液泛线方程。

$$\Phi(H_T+h_w)=5.34\frac{\rho_V u_o^2}{\rho_L\cdot2g}+0.153\left(\frac{L_s}{l_w h_o}\right)^2+(1+\varepsilon_o)\left[h_w+\frac{2.84}{1000}\cdot E\left(\frac{3600L_s}{l_w}\right)^{2/3}\right]$$

简化上式得 V_s 与 L_s 关系如下

$$V_s^2=5.39-2954.4L_s^2-37.1L_s^{2/3}$$

计算数据如下表。

$L_s/(m^3/s)$	0.002	0.004	0.006	0.008
$V_s/(m^3/s)$	2.188	2.100	2.015	1.928

3. 液相负荷上限线

求出上限液体流量 L_s 值（常数）

以降液管内停留时间 $\tau=5s$

则 $L_{s,max}=\dfrac{A_f H_T}{\tau}=\dfrac{0.12\times0.45}{5}=0.0108m^3/s$

4. 漏液线

对于 F_1 型重阀，由 $F_o=u_o\sqrt{\rho_V}=5$，计算得

$$u_o=\frac{5}{\sqrt{\rho_V}}$$

$$V_s=\frac{\pi}{4}d_o^2\cdot n\cdot u_o=\frac{\pi}{4}d_o^2\cdot n\cdot\frac{5}{\sqrt{\rho_V}}$$

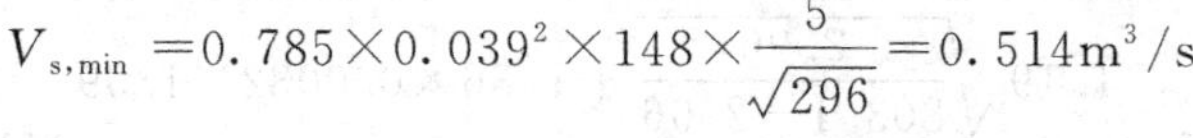

则 $$V_{s,min}=0.785\times0.039^2\times148\times\frac{5}{\sqrt{296}}=0.514m^3/s$$

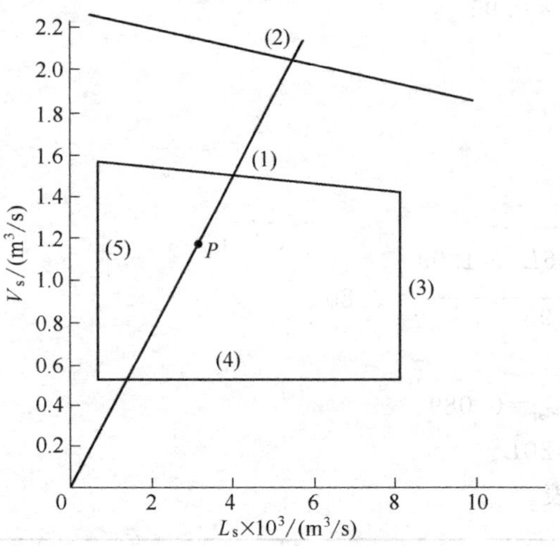

图 5-22 精馏段塔板负荷性能图

5. 液相负荷下限线

取堰上液层高度 $h_{ow}=0.006m$

根据 h_{ow} 计算式求 L_s 的下限值

$$\frac{2.84}{1000}E\left[\frac{3600L_{s,min}}{l_w}\right]^{2/3}=0.006$$

取 $E=1.03$

$$L_{s,min}=0.00065m^3/s$$

经过以上流体力学性能的校核可以将精馏段塔板负荷性能图画出。如图 5-22 所示。

由塔板负荷性能图可以看出：

① 在任务规定的气液负荷下的操作点 $P(0.0032，1.19)$（设计点），处在适宜的操作区内。

② 塔板的气相负荷上限完全由雾沫夹带控制，操作下限由漏液控制。

③ 按固定的液气比，即气相上限 $V_{s,max}=1.49m^3/s$，气相下限 $V_{s,min}=0.514m^3/s$，求出操作弹性 K，即

$$K=\frac{V_{s,max}}{V_{s,min}}=\frac{1.49}{0.514}=2.90$$

（十）浮阀塔的工艺计算结果总表（略）

（十一）精馏塔的附属设备及接管尺寸（略）

第六章　计算机在化工设计中的应用简介

随着计算机在化学工程学科中的应用日趋广泛，利用计算机进行化工设计、化工模拟、化工过程控制变得越来越重要，工程师们可以从更深层次的理论角度建立过程模型，采用数学方法对过程进行较为详尽的描述，并将由此建立的过程模型开发计算机应用软件。化工生产过程十分复杂，但复杂过程总可以分解成若干个单元操作。通过各单元操作的模型建立的计算机程序模块，可以组装成复杂的计算机应用软件。

自 20 世纪 80 年代以来，采用计算机辅助设计（AutoCAD），在计算、绘图、编制文件、管理等方面广泛地使用并取得令人满意的结果，主要有以下三方面。

(1) 提高设计效率　就单项工作而言，采用计算机辅助设计系统与未采用相比，可提高设计效率三倍左右，对某些特定情况（如修改设计）甚至可达一二十倍。就整个工程项目的设计总工时而言，采用计算机辅助设计系统后，可节省时间三分之一左右（美国 UCC 公司的经验是节省 27%，FLUOR 公司的经验是节省 38%）。

(2) 提高设计水平　采用计算机辅助设计系统后，繁杂的绘图工作由 CAD 系统按设计者的意图快速准确地完成，设计者可更充分地发挥其聪明才智，提高设计水平，并可方便地通过多方案比较而得到最优化设计方案，取得更好的投资效果。例如在换热器设计中，可在满足热负荷、温差及压降等条件下做出多个方案，从中选出传热面积或总投资最省的方案。在传热面积和管子参数确定后还可使管板布置优化，做到更紧凑合理。

(3) 减少设计差错　使用 CAD 系统，便于统一贯彻各项设计规范和标准，各专业间的设计条件及有关信息能准确而迅速地传递。也就是说，在系统中能预防或减少差错的出现，从而保证设计质量；而且有些三维 CAD 系统还能进行干扰碰撞检查，在设计时便能检查出有无碰撞情况（例如工艺管道与土建结构相碰撞等），查出碰撞后可立即修改设计，可进一步减少差错，提高设计质量，大大减少现场修改工作量（有的可减少 80%），节省安装材料费用（有的可节省 2%），并缩短施工周期。

作为化工单元设备课程设计这门课是使学生除了掌握最基本的设计技能之外，还应了解当今计算机在化工设计过程中的广泛应用是必不可少的内容。本章结合具体设计特点，阐述计算机在化工物性数据库建立、化工过程模拟及优化和 CAD 在化工过程中的应用等几方面作简介。

第一节　物性数据库建立简介

化工数据库是将化工过程计算中的一些重要的数据以一定的结构存放在计算机中，以供计算过程中随时调用。数据库的结构是复杂的，为了简化起见，我们在这里介绍一种常用的、以化合物的名称及物性种类来组织的数据库。首先介绍数据型数据库的建立。

1. 数据型

这类数据库较简单，只要知道物质的名称就可以检索所要的物性数据。例如，要知道乙醇的标准生成焓的数据，先检索乙醇在数据库中的编号（No. 102），再查找标准生成焓对应编号的数值。数据库可用数据块来实现，在 FORTRAN 程序中可用有名数据块或数据外部文件实现数据的存放。数据存放采用有序结构（可以采用有格式，也可采用无格式）。一般采用表 6-1 的形式。

表 6-1　数据的有序结构形式

No.	名　称	分子式	相对分子质量	熔点/℃	沸点/℃
1	ARGON	AR	39.948	83.8	87.3
2	BORON TRICHLORIDE	BC_3	117.169	165.9	285.7
3	BORON TRIFLUORIDE	BF_3	67.805	146.5	173.3
⋮					
⋮					
101	DIMETHYL ETHER	C_2H_6O	46.069	131.7	248.3
102	ETHANOL	C_2H_6O	46.069	159.1	351.5
103	ETHYLENE GLYCOL	$C_2H_6O_2$	62.134	125.3	308.2
⋮					
⋮					

No.	T_c	p_c /atm	V_c （续）	Z_c	W	H_{vap} / (cal/mol)	H_f° kcal/mol	G_f° kcal/mol
1	150.8	48.1	74.9	0.291	−0.004	1560	0.0	0.0
2	452.0	38.2	—	—	0.150	—	—	—
3	260.8	49.2	—	—	0.420	7210		
⋮								
⋮								
101	400.0	53.0	178	0.192	5140	−43.99	−26.99	
102	516.2	63.0	167	0.248	0.635	9260	−56.12	−40.22
103	645	76	186	0.27	—	12550	−93.05	−72.77
⋮								
⋮								

注：1. 1atm＝101325Pa。

2. 1cal＝4.184J。

数据存放还可以采用分块式，即如下形式：

名称块 NAME（NO）	分子式块 FZ（NO）	分子量块 FM（NO）	物性名称块 SPN	物性数据块 SPD	SPD2

数据块可以用有名数据块与计算程序连接，但大量物质用此形式是不适宜的，一般采用外部文件形式连接，通过文件通道号实现连接。如用通道 1（unit ＝1）连接物质名称，分子式，分子标准号，分子量等等；用通道 2（unit ＝2）连接物质名称块；用通道 3 实现简单数据型数据的连接，通道 4 实现数值型数据的连接。这样就可以方便地由计算机查找到数据。

2. 数值型

数值型数据必须通过计算才能得到相应的数据，化工过程中有大量物性数据与环境有关。常用的数据有密度、粘度、折射率、热容、生成热、生成吉布斯能、蒸气压、活度等，这些物性数据必须知道环境数据（如温度、压力、组成等）以及物性与环境的联系才能计算，数据库主要提供这些物性计算中所需要的经验参数，下面将简单讨论热力学性质及有关物性与环境的关系。

(1) 恒压热容

热容数据一般与温度相关，常用的理想气体经验公式有

$$c_p=a_1+a_2\exp\left(\frac{-a_3}{T^{a_4}}\right) \tag{6-1}$$

$$c_p=b_1+b_2T+b_3T^2+b_4T^3 \tag{6-2}$$

$$c_p=c_1+c_2T+c_3\ln T+\frac{c_4}{T} \tag{6-3}$$

式中，a_i，b_i，c_i 为经验参数；T 为绝对温度；参数数目为 4。

计算非理想气体和液体热容的经验公式常采用多项式

$$c_p=a_1+a_2T+a_3T^2+a_4T^3+a_5T^4 \tag{6-4}$$

参数数目为 3～5，常用参数为 4。

(2) 焓变

反应焓可以用生成焓计算，因此只需知道各生成焓的数值即可。而生成焓则可以采用温度多项式计算

$$\Delta_f H(T)=\Delta_f H(T_0)+a(T-T_0)+b(T^2-T_0^2)+c(T^3-T_0^3) \tag{6-5}$$

式中，T_0 一般选 298K，$\Delta_f H$ (298K) 的数值可由数据型数据库提供，再由此计算反应焓

$$\Delta_r H(T)=\sum_B \upsilon_B \Delta_f H_B(T) \tag{6-6}$$

式中，υ_B 为反应方程式中 B 物质的计量数，参数数目常用值为 3。

生成焓还可以通过热容数据计算。若知道物质的热容计算经验参数 a_i，则可用下式计算 $\Delta_f H(T)$

$$\Delta_f H(T)=\Delta_f H(T_0)+\sum_B \upsilon_B[a_{B_1}(T-T_0)+\frac{1}{2}a_{B_2}(T^2-T_0^2)+\frac{1}{3}a_{B_3}(T^3-T_0^3)+\frac{1}{4}a_{B_4}(T^4-T_0^4)] \tag{6-7}$$

同样反应焓也可由此计算。

反应熵和反应吉布斯能也可以类似地计算。

计算时应注意：过程中是否存在相变，若有相变发生应考虑相变焓，如计算 H_2O、$H_2O(g)$ 的热容参数，H_2O 在正常沸点时的汽化热（蒸发焓）

$$\Delta_f H_2O(500)=\Delta_f H_2O(298)+\Delta_{vap} H_2O+\sum_i \Delta a_i (T_b^i-298)+\sum_i \Delta a_i'(500-T_b^i) \tag{6-8}$$

式中，T_b 为 H_2O 的正常沸点，a_i 为热容参数。蒸发焓一般可表示成对比温度 T_r 的函数[1]

$$\Delta_v H=a_1(1-T_r)^{a_2+a_3T_r+a_4T_r^2+a_5T_r^3} \tag{6-9}$$

式中，$T_r=T/T_c$，T_c为临界温度，a_i为经验参数，常用值为5个。

（3）饱和蒸气压

对于饱和蒸气压常用Antoine蒸气压方程计算：

$$\ln p_{vap}=a_1-\frac{a_2}{T+a_3} \tag{6-10}$$

p_{vap}采用mmHg作单位；a_i为Antoine常数；T_{max}，T_{min}是Antoine方程最高温度和最低温度，参数数目为5个。

还可采用下述两种经验公式之一，压力单位采用Pa，

$$p_{vap}=\exp\left(a_1+\frac{a_2}{T}+a_3\ln T+a_4T^{a^5}\right) \tag{6-11}$$

或

$$p_{vap}=10^5\times\exp\left(b_1+\frac{b_2}{T}+b_3T+b_4\ln T+b_5T^2\right) \tag{6-12}$$

参数数目为5个。

（4）导热系数

液体导热系数可表示成5参数多项式：

$$\lambda=a_1+a_2T+a_3T^2+a_4T^3+a_5T^4 \tag{6-13}$$

λ的单位是W/(m·K)。

气体的导热系数也可表示成式（6-13），但常用4个参数（即$a_5=0$）。

（5）密度

气体的密度可由气体的状态方程来计算，这里不作介绍。正常沸点时液体的密度，可以有Schroeder、Le Bas或Tyn-Calus等方法来计算。如计算正常沸点下液体的摩尔体积，前两种方法采用原子或分子结构的数据加和，计算方法简单，而且精度很高，一般误差为4%。Schroeder法精度更高（2%左右），但应用范围比Le Bas法窄。表6-2列出了一些计算用分子结构参数。

表6-2 计算正常沸点下体积分子结构常数

结构元	增量/(cm^3/mol)		结构元	增量/(cm^3/mol)	
	Schroeder	Le Bas		Schroeder	Le Bas
碳	7	14.8	溴	31.5	27.0
氢	7	3.7	氯	24.5	24.6
氧（除下情况以外）	7	7.4	氟	10.5	8.7
在甲基酯及醚内	—	9.1	碘	38.5	37.0
在乙基酯及醚内	—	9.9	硫	21.0	25.6
在更高酯及醚内	—	11.0	环		
在酸中	—	12.0	三员环	−7	−6.0
在与S，P，N相连	—	8.3	四	−7	−8.5
氮	7		五	−7	−11.5
双键	—	15.6	六	−7	−15.0
在伯胺中	—	10.5	萘	−7	−30.0
在仲胺中	—	12.0	蒽	−7	−47.5
碳原子间双键	7		碳原子间三键	14	5

Tyn-Calus法是用临界体积V_c计算正常沸点下的摩尔体积V_b：

$$V_b = 0.285 V_c^{1.048} \tag{6-14}$$

单位为 cm^3/mol。本法除低沸点永久气体与某些含氮、磷的极性化合物 He，H_2，Ne，Ar，HcN，NH_3，PH_3 等外，一般的误差均小于3%。

例 计算氯苯的摩尔体积。实验值为 $115cm^3/mol$，$V_c = 308\ cm^3/mol$。

解：Schroeder 法　由表 6-2

$$C_6H_5Cl = 6(C) + 5(H) + Cl + (\text{环}) + 3(\text{双键})$$

$$V_b = 6\times7 + 5\times7 + 24.5 + (-7) + 3\times7 = 115cm^3/mol$$

Le Bas 法　由表 6-2

$$C_6H_5Cl = 6(C) + 5(H) + Cl + (\text{六员环})$$

$$V_b = 6\times14.8 + 5\times3.7 + 24.6 - 15 = 117cm^3/mol$$

Tyn-Calus 法　由式（6-14）

$$V_b = 0.285(308)^{1.048} = 115cm^3/mol$$

在正常沸点以外的液体密度计算较为复杂，公式也较多，这里仅介绍最简单的以温度多项式表示的公式。

$$\rho = a_1 + a_2T + a_3T^2 + a_4T^3 \tag{6-15}$$

式（6-15）常用5个参数。

（6）粘度

气体粘度的经验方程

$$\mu = \frac{a_1T^{a_2}}{1 + \frac{a_3}{T} + \frac{a_4}{T^2}} \tag{6-16}$$

参数个数为4。式中粘度单位为 Pa·s。

液体粘度常用公式

$$\mu = \exp\left(\frac{A}{T} - \frac{A}{B}\right) \tag{6-17}$$

式中，粘度单位为（10^{-3}Pa·s），参数数目为2个。也可用下列两种公式计算

$$\mu_1 = a_1\left(\frac{1}{T} - \frac{1}{a_2}\right) \tag{6-18}$$

$$\mu_1 = \exp\left[a_1 + \frac{a_2}{T} + a_3\ln(T) + a_4T^{0.5}\right] \tag{6-19}$$

式（6-18）单位为cP，式（6-19）单位为 Pa·s，参数数目分别为2个和5个。除了以上所列常用物性计算公式外，还有许多计算经验公式以及其他物性的计算公式。这些公式可以根据具体化工单元过程计算需要另外编程计算。

由上面公式可以看出，数值型物性数据，不仅要知道环境条件，还需要知道各经验参数，这类数据库主要是提供各参数的数值，由主程序给出环境条件及相应的经验公式计算子程序。数值型数据库的建立，除了像数据型提供物质名称、代号以外，还需知道各计算公式中参数的数目。如表6-3列出了理想气体热容方程系数、粘度常数、Antoine常数，同时数据库必须提示所采用的经验公式。

表 6-3　理想气体热容方程系数、粘度常数、Antoine 常数

No.	物质名称	理想气体热容 C_p $C_p=A+BT+CT^2+DT^3$				粘度常数 $\ln\mu_e=A/T-A/B$		Antoine 常数 $\text{Ln}p_{vap}=A-B/(T+C)$				
		A	B	C	D	A	B	A	B	C	T_{mm}	T_{max}
1	ARGON	4.969	−0.767 -5	1.234 E-8	0.0	107.57	58.76	15.2330	700.51	−5.84	81	94
2	BORON TRICHLORIDE	—	—	—	—	—	—	—	—	—	—	—
3	BORON TRIFLUORIDE	—	—	—	—	—	—	—	—	—	—	—
⋮												
⋮												
⋮												
101	DIMETHYL ETHER	4.064	4.277 E-2	−1.25 E-5	−0.458 E-9		—	1.68467	2361.44	−17.16	130	190
102	ETHANOL	2.153	5.113 E-2	−2.004 E-5	0.328 E-9	686.64	300.88	18.9119	3803.98	−41.68	270	369
103	ETHYLENE GLYCOL	8.526	5.931 E-2	−3.516 E-5	7.190 E-9	1365.0	402.41	20.2501	6022.18	−28.25	364	494
⋮												
⋮												

数据块仍可采用数据型数据块结构。只是在每个物理参数块中必须提供计算所采用公式的参数数目，以计算比热容为例，数据文件结构如下。

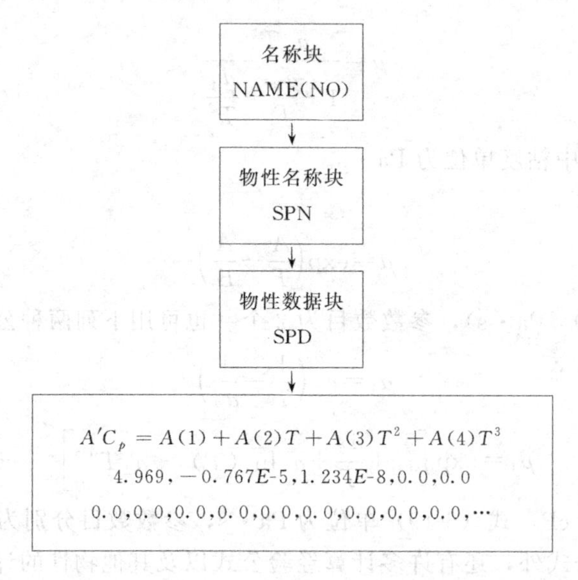

由物性数据块提供的经验公式，在计算时可以在计算主程序中打印出来，以便供使用者判断是否正确，有时将一些常用的同一物性的不同经验公式及使用参数放在同一数据文件中，用计算机来判断所需数据的位置。例如，比热容常用 4 个公式，均列在数据文件的开头部分，由计算机输入物性关键词及想采用的经验公式。例如计算机输入（以字符型变量形式）：

'CP'

'CP＝a1＋a2T＋a3T＊＊2＋a4T＊＊3＋a5T＊＊4'

数据文件开头说明段如下：

公式数目 4

经验公式说明段

'CP=a1+a2exp(-a3/T** a4)'；'CP=a1+a2T+a3T**2+a4T**4'

'CP=a1+a2/T+a3T+a4ln(T)'；'CP+A1+a2T+a3T**2+a4T**3+a5T**

参数数目 4，4，4，5

参数段 a1(1),a2(1),a3(1),a4(1),a1(2),a2(2),a3(2),
a4(1),…,a1(NQ),a2(NQ)，a3(NQ)，a4(NQ)，
a1(1)，a2(1),a3(1),a4(1)，…，a1(NQ),a2(NQ)，
a3(NQ)，a4(NQ)，a1(1)，a2(1)，…，a4(NQ)，a1(1)，
a2(1),a3(1),a4(1),a5(1)，…,a5(NQ)

其中，NQ 是指数据库所列物质的总数，要计算第 N 种物质（在数据库中编号 N，在实际计算中编号为 N1）的热容数据，采用公式（6-4）计算，在程序中采用下列方式实现（用 5 号通道输入关键词卡，1 号通道为数据卡）：

```
READ (5, *)    SPNM (物性名称)
READ (5, *)    FUNA (经验公式名称)
READ (5, *)    T    (环境数据)
READ (1, *)    NFD  (该物性经验公式数目)
READ (1, *)    (FUNM(I),I=1,NFD)
READ (1, *)    (NPCP(I),I=1,NFD)
J=0
DO  10 I=1,NFD
DO  10II=1,NPCP(I)
IF(FUNA·EQ·FUNM(I) THEN
GO TO 1000
ELSE
J=J+1
ENDIF
   10    CONTINUE
   IF(I·EQ·NFD+1)
1000  J1=NPCP(I)
J2=II
NX=J*NQ+(N-1)*J1
READ(1,*)(A(I,N1),I=NX+II)
IF(J2·EQ·1)THEN
CALL CP1(CP,A,T)
ELSE IF (J2·EQ·2)THEN
CALL CP2(CP,A,T)
ELSE IF (J2·EQ·3)THEN
CALL CP3(CP,A,T)
```

```
ELSE IF(J2·EQ·4)THEN
CALL CP4(CP,A,T)
ELSE
WROTE(*,*)'CP
Calcalated with',FUNA,
'is not found'
ENDIF
WRITE(*,*)'CP=',CP
END
```

程序中，变量说明未列出，FUNM (I) 是数据库计算热容的经验公式，NPCP (I) 是该公式的参数数目。

第二节　化工过程模拟与优化

一、化工过程模拟与优化

应用计算机对化工过程进行模拟与优化始于 20 世纪 50 年代，经过 50 年的发展，现已经成为一种普遍采用的常规手段，广泛应用于化工过程的研究、设计、生产操作的控制与优化；操作工的培训和老厂技术改造。

从系统工程角度看，一个大型化工厂是由一些不同层次的子系统组成，因此，就化工过程模拟而言，也就是不同层次的过程模拟，具体情况如表 6-4 所示。

表 6-4　化工过程模拟的层次

模拟层次	模拟对象的规模	模拟层次	模拟对象的规模
过程模拟	$10^2 \sim 10^0$m	传递过程及反应动力学模拟	$10^{-3} \sim 10^{-7}$m
单元操作及反应器模拟	$10^0 \sim 10^{-3}$m	分子模拟	$10^{-7} \sim 10^{-10}$m

本书前面介绍的内容均属于单元及反应器模拟和传递过程及反应动力学模拟方面的内容。实际上，整个过程开发内容尚包括实验室开发前的分子模拟，以便减少实验次数，尽快研制出要求性能的产品，同时包括单元模拟后的流程模拟，以便从各种不同流程的比较分析中找到一种最合适的工艺流程。

二、分子模拟

分子模拟可分为两个不同的层次：①对大量分子在运动中产生的宏观性质的模拟；②研究单个分子的内部结构与宏观特性的关系，此即所谓的“分子设计”。

1. 对大量分子在运动中产生的宏观性质的模拟

根据统计力学法则，从分子位置及运动的统计来计算所要求的宏观性质，不仅可以大大节省实验工作量，而且有时成为实验所不能完成的惟一手段，如：研究复杂系统的相行为；研究微孔界质和相界面性质；研究蛋白质在水溶液中的稳定性。

这类分子模拟的数值计算方法有两大类：Monte Carlo 法和分子动力学法。这些方法假

定的群体分子数目 $N=100\sim1000$，数目愈大准确度愈高，但是，相对的计算工作量也加大，规定其周期性边界条件及分子间势能，然后进行统计计算。此种方法计算工作量较大，原来只在速度高内存大的巨型机上才能进行。近年来。由于计算机硬件的长足发展，在小型机和工作站甚至微机上都可以进行此类计算。

2. 分子设计

计算机分子设计是计算机化学的前沿，目前已用于药物分子设计、蛋白质和核酸等生物大分子设计、高分子材料设计、无机材料和催化剂设计等。所谓分子设计意指在化学合成某种分子之前，按照人们指定性能在计算机上设计出分子结构，在计算机上筛除结构可以省去大规模的实验筛选工作，这在药品研制中具有重大意义，不仅可以节省上亿元投资，而且可以大大加快开发速度，在竞争中保持优势。高分子材料的计算机设计过程则是通过建立高分子的微观结构与宏观性质之间的关系，确立所要材料的分子结构甚至包括相态结构。

中国在承认化合物知识产权后，医药、农药及其他精细化工行业均面临严峻的挑战，必须迅速建立起我国自己的研究、创制、开发和放大体系。在这方面，中国科学院化工冶金所领先一步做了几年的工作，取得可喜的进展。国际上已有一些专门的公司销售商品化的通用分子模拟软件，如：美国的 TRIPOS 公司，Molecular Simulation 公司和 BIOSIM 公司等。

三、单元过程的模拟

单元过程模拟的数学模型按照其详细程度或严格程度可包括：(1) 工程放大及设计用数学模型；(2) 工艺阶段筛选用数学模型；(3) 操作或控制优化用数学模型。

1. 工程放大及设计用数学模型

这是要求最严格的数学模型，不仅基于机理推导，而且往往要积累相当多的中试及工程实践数据加以校验及修正，一旦证明这种模型可靠实用，就可以用它代替实验，直接进行放大设计，因而这种模型价值也最高。此方面的模型是本书主要论述的内容。

2. 工艺阶段筛选用数学模型

概念设计阶段为了比较各种候选工艺流程合理性时做粗略计算用的。结果要求相对正确，因此是一种近似模型。

3. 操作或控制优化用数学模型

这种模型往往是针对性较强的专用数学模型。因其专用性强，因而准确度很高。如果需要实时控制，则往往要求计算时间要短。

近年来单元操作的模拟主要在以下几个方面有了较大的进展。

(1) 传统的相平衡级分离模型在使用了 100 年之后，已被基于速率方程的级分离模型所逐步取代。相平衡级分离模型要点：液体在塔板上全混合；蒸气穿过液体为活塞流；塔板上液体和气体处于平衡状态；这当然与实际差别较大，这种差异就用“塔板效率”来校正。其结果导致分离塔模拟计算长期不够准确，而且无法对现场操作塔进行模拟。基于速率方程的级分离模型要点：相平衡只在气液相界面上才成立，而分离程度取决于两相接触中的质量及能量传递。结果模拟准确度大为提高，而且便于处理含化学反应的分离过程。例如，甲醇-乙醇-水三组分甲醇精馏塔，要求塔顶甲醇含水小于 9.7×10^{-5}，按传统平衡级模型计算需要 57 块实际板还难以达到规定的纯度，而用基于速率方程的级分离模型计算则只要 44 块塔板就足够了。

(2) 与环境有关的单元过程模拟有了很大的发展。如：膜分离过程、离子交换、反渗透、物理吸附与化学吸附。

（3）单元过程模拟中的多解问题可用 Homotopy 方法解决。因为描述单元操作的物料及热量恒算往往是刚性较强的方程组，其解对初值较为敏感，有时甚至出现震荡等情况，用 Homotopy 方法则可较顺利解出所有的解。

（4）化学反应器的模型化正沿着两条路径发展：一条是根据基本模型组块，对一个具体反应器而言，用户可以自己组块搭建复杂反应器模型；一条是建立可调节参数的通用反应器模型，用户针对自己的反应器可以改变部分参数。

近年来，单元操作模型的进展程度如表 6-5 所示。

表 6-5　单元过程模型化的进展

序号	项目名称	现今是否已常规使用	序号	项目名称	现今是否已常规使用
1	多相相平衡（包括反应）	是	2	间歇	是
2	精馏	是		速率方程为基础并有反应	否
	高度非线性	是	3	固相处理操作	是
	三相	是	4	电解质系统	是
	反应精馏	是	5	高分子聚合物系统（包括分子物性）	否
	三相并有反应	否	6	生物过程系统	否
	多塔	是	7	设备尺寸及评估的集成	否
	非均相共沸	否	8	通用反应器模型库（包括批处理）	是

四、化工过程的模拟

1．稳态流程模拟

将一个由许多单元过程组的化工流程用数学模型表现，并在计算机上解算其物料及能量恒算，并进一步计算各单元设备尺寸及设备的模拟称之为流程模拟。就其数学模型的表述的解算方法而言，已发展了两类方法：序贯模块法和联立方程法。从 20 世纪 50 年代就开始发展的序贯模块法至今仍然是当前使用的主要方法，而 60 年代由英国帝国理工学院 Sargent 教授首先创立的联立方程法虽然有很多的优越性，但是，至今尚未很好地商品化。两种方法的比较见表 6-6。

表 6-6　两种流程模拟方法的比较

比较项目	序贯模块法	联立方程法
单元操作模型库	有各种能用单元操作模型（已把工程知识与数学解算结合起来，存放库中）	没有现成模型（用户要自己写方程）
解算方法	按流程顺序逐个计算模块多次迭代，直到收敛，耗机时大	所有方程一次联立求解解算速度快
对初始值的依赖	不需要好的初始值	需要好的初始值
适应性	缺乏对不同要求模拟要求的适应性	适应性好
对用户的要求	一般化学工程师便于掌握	要求模拟专家使用
商品化程序	已很好商品化，软件产品较多	只有个别软件商品化
代表软件	ASPEN PLUS PRO/□HYSIM Chem CAD	SPEEDUP

模型化发展的方向是把序贯模块的通用性和联立方程法的适应灵活性结合到一个面向对象的模型化环境中去，使之既可供非专家使用，也可供模拟专家使用。另外，模块的标准化以便于搭接也是发展的方向，此方面可望在近年开发的模型中实现。

2．动态流程模拟

动态流程模拟的发展比稳态流程模拟晚 10～15 年，因为有以下一些难点，所以要开发通用性强而解算又可靠、使用方便的软件十分不容易：①高维数的微分与代数混合方程组，常常大于 1000 个方程；②稀疏性强（只有 1%的雅可比矩阵因素非零）；③非线性方程；④常常碰到病态方程（刚性问题）；⑤可能碰到对时间不连续的问题。

表 6-7　当前世界著名动态流程模拟系统

名　称	模拟化工具	输出	模拟策略	动态方程解法	稳态设计与优化	事件处理	物性	实时性	商品化	开　发　单　位
ASCEND	e,u	ig	s	da	×		c			Carnegie Mellon 大学(美国)
BOSS	ug	bg,r	s			s,t			×	Purdue 大学(美国)
CHEMASIM	u	r	s	a	×	t	e			BASF AG (德国)
DASP	u	bg	s	da		s,t	c			Aston 大学(英国)
DIVA	ug	ig	s	da		s,t	c,d	×		Stuttgart 大学(德国)
DPS	u	bg,r	s	a			c		×	日本科技联(英国)CDA 中心
DYNSIM	u	s	c,i,da	×			c			丹麦技术大学
FLOWPACK	u	r	m	a	×	t	c			爱丁堡大学及 ICT 公司(英国)
SIMCON	ug	ig	m	e		t		×	×	ABS Simcon(美国)
OPTISIM	u	bg,r	s	da	×	s,t	c,d	×		Linde AG(德国)
POLYRED	u	bg	s	da		t	e		×	Wisconsin 大学
QUASILIN	cu	bg,r	s	a	×	s,t	c		×	英国剑桥大学
SATU	e,u	ig	s	e,i	×	t		×	×	Hoechst 公司(德国)
SIMSMART	ug		m		×	t		×	×	Applied High Tech(加拿大)
SPEEDUP	e,u	bg	s	da	×	s,t	c,d	×	×	Imperial College 英国 Aspen Tech(美国)
PROS	u	bg	m	e		t	e	×		中国化工信息中心

符号说明：×表示有此功能

模型化工具：e　用高级符号语言开发的方程为基础单元模型

u　用表中语言编制的单元为基础的流程模型化

ug　交互图形及菜单编制的单元为基础的流程模型化

输出：bg　在完成模拟计算后输出图形

ig　在模拟计算进行中可在交互作用下输出图形

r　报表生成

模拟策略：s　基础单元模型

m　模块积分

动态方程解法：e　显示积分方法和代数方程的步序

i　隐式积分法和代数方程的步序

da　微分代数方程的联立解法

a　离散化微分方程的非线性方程解法

事件处理：t　时间事件

s　状态事件

物性：c　物性关联式库作为模型库组成部分物性计算

e　用户提供关联式或由外部物性包存取

d　至少与一个物性数据库接口来检索关联参数

20世纪90年代以来，动态模拟的技术发展和应用呈迅速发展趋势，这是由于一方面计算机性能/价格比提高极快，过去需要消耗过多计算机机时的障碍不存在了；另一方面CA-PO（计算机辅助操作运营）发展也要求使用动态模拟的工具。动态模拟实际上是沿着两个方向发展：设计用的模拟系统和操作实时模拟系统。表6-7给出了当前世界著名动态流程模拟系统。

由表6-7可以看出：稳态模拟和动态模拟有合并的趋势，有一多半的软件既是动态模拟软件，又可以做稳态模拟设计用。预计随着平行计算及分布计算环境的推广，20世纪90年代动态模拟技术的应用会有迅速的增长。而工业部门则把动态过程模拟工具看成是一种在不同技术工作组（从设计组、生产准备组和生产管理组）之间动态信息交流的手段，实际上从概念设计、基础设计施工详细设计到生产准备、正常生产各阶段均需要用到动态模拟。如果在一个项目中能在早期就建立更多的明确的信息资料，则有助于对设计早期进行实际的分析。

五、化工过程的优化

化工过程模拟分析的重要目标之一就是工厂操作或控制的优化。这首先就要弄清当前操作的真实状态，也就是由工艺现场采集到的各种数据必须准确可靠。这就涉及到“化工数据的校正”问题。即将采集到的原始数据经过数据筛选和校正处理，筛除过失误差数据，校正随机误差，使之符合物料、能量及化学三大平衡。现在一些著名优化控制公司均有自己的数据校正软件。如：Aspen Tech公司的STECON和DMO；ABB Simcon公司的DATACON。

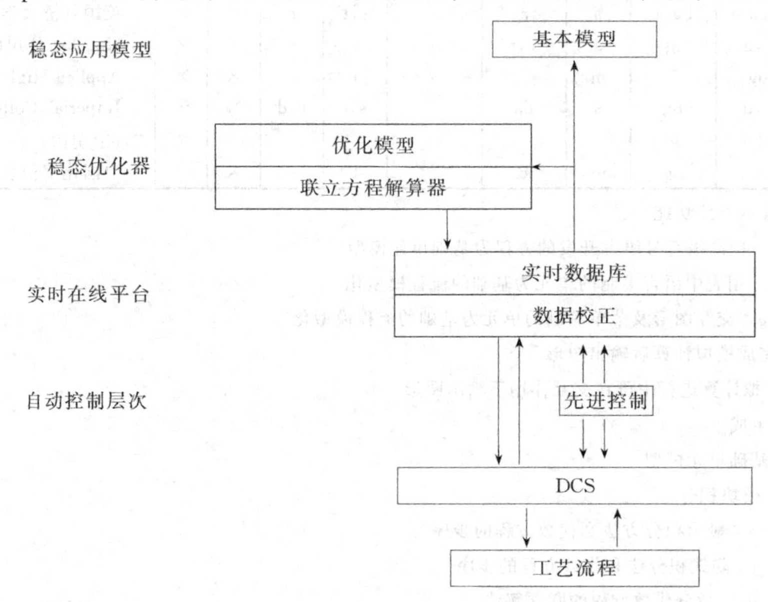

图6-1　化工过程优化结构层次

1. 化工过程优化实际上是将下层的动态控制与上层的稳态控制问题分开解决，也就是DCS集散控制系统或/和先进控制手段使工艺变量控制在合理的指定值上，而将采集到的工艺数据首先送进数据校正软件进行处理，得到精炼后的数据放入实时数据库进行管理。

上层的基本模型及优化模型均是稳态模型，它认为在计算出新的优化步骤之前，工艺过程处于上一次的稳定状态下。其化工过程的优化层次结构如图6-1所示。各模块有如下作用。

（1）基本模型　标定稳态模型的可调参数值，如：换热器传热系数、压缩机效率、反应器催化剂失活系数等。这样得到的标定好的模型就是工况研究和优化的起点。这种基本模型多半是序贯模块法的通用流程模拟器程序，如：ASPEN PLUS，PRO/Ⅱ及某些专门应用程序，但也有直接用联立方程法写的，如：美国 Chem Share 公司的 Pro CAM。

（2）优化模型　在基本模型的基础上要求用户选定一组独立变量作为决策变量，给出约束条件及目标函数。优化计算就是不断改变各个决策变量以求满足约束条件下目标函数达到最大或最小。这是要不断多次解算基本模型的搜索过程，因此十分消耗机时。决策变量越多，则机时消耗也越大，通常决策变量为 10～20 个，要求消耗机时为 2～8h。间隔缩短受到两个方面的限制：①优化计算时间不够用；②过于频繁调节使工艺过程难以达到稳态。

（3）解算器　在尽快的时间内按数学规划法进行寻优计算。解算器求得的一组决策变量优化值如果自动下载到 DCS 上去，作为其给定值，则称之为“闭环在线优化”，如果经由操作工酌情下载，则称为“开环在线优化”。

今后此方面的发展方向是实现动态优化，即将给定值计算和优化控制动作同步确定，从而消除了优化与控制的界限。这种动态寻优不再是找寻一组决策变量的优化值，而是要找寻一个优化轨迹，或是一组变量变化的优化曲线。

2. 化工能量系统的优化集成

化工能量系统是指化工生产过程中由于能量的转换、利用、回收等环节有关的设备所组成的系统。它包括热回收换热网络子系统及蒸汽、动力、冷却和冰冻等公用子系统，如图 6-2 所示。能量系统的集成（Energy System Intergration）是指如何选择设备（包括换热器、加热器、冷却器、蒸发器、锅炉、透平和热泵等）及相互的连接构成的系统。满足同样工艺过程的能量需求可由不同的能量系统去完成，但不同能量系统其设备投资、能量消耗等会有很大的区别。因此就有一个优化集成问题，即如何构造一个满足工艺要求的能量系统，使其设备投资和能量消耗等的总费用最小。当然优化的内容也可以是其他一些目标函数。其优化方法包括：夹点技术、数学规划和人工智能技术。

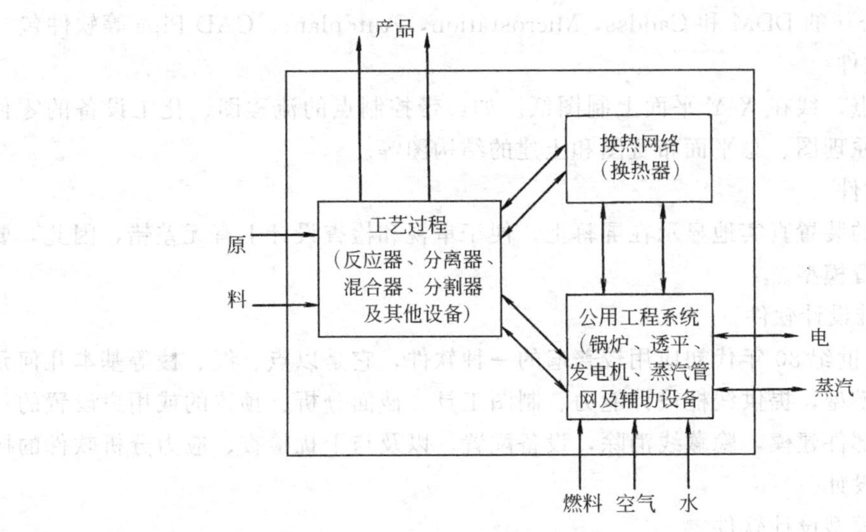

图 6-2　化工过程能量系统

第三节　CAD在化工过程设计中的应用

目前，CAD（Computer Aided Design）技术已贯穿于化工设计的全过程并覆盖了各个专业，不仅用于数学计算和绘图，而且用于材料统计，碰、撞、缺、漏检查等工作。从而引起设计体制、组织机构、专业划分、设计管理上的变革，取得了可喜的成果，并仍在不断地发展。

一、计算机辅助化工过程设计

化工过程设计是工厂设计的出发点、基础和核心，它按照原料品种和生产规模计算出单位产品的能源、原料、辅料的消耗量，副产品的品种和数量及排污量等。因此，过程设计一直被国内外化工界人士所重视。辅助化工过程设计用的软件发展十分迅速，单元操作模型种类齐全、功能强，有物流分割和混合、闪蒸、多级精馏、换热、反应、固体物处理、泵与压缩机等95种。序贯模块法和联立方程求解法可拼接各种工艺流程，供用户选用。目前，辅助过程设计软件包括ASPEN PLUS、PRO/II和ECSS等。

物性数据丰富多样，有元素、有机化合物、电解质溶液、聚合物、燃烧物等物性数据，多种状态方程用二元参数，此外，还备有接口可访问25万组汽-液和液-液相平衡常数。计算超临界物性、超额焓等热力学物性的状态方程常用的十几个，而且还在不断地推出新的状态方程供用户选用。因为这些方法解决了手工不能计算的难题，速度快，结果精确，故早已被设计人员认同为得力助手。

除了流程模拟之外，还有优化、人工智能、专家系统、神经网络、夹点技术、集成/综合等技术可作方案优选或优化。

二、计算机辅助装置设计

由于世界范围内的资源、能源、资金较紧缺，要求化工装置设计速度快、质量和水平高、投资少。于是CAD技术便迅速发展并普遍被采用。

目前，国内外应用较多的辅助装置设计软件有Intergraph公司的PDS，CAD Center公司的PDMS，CV公司的DDM和Caddss，Microstation，Autoplant，CAD Pipe等软件包。

1. 二维设计软件

二维设计是以点、线在*X-Y*平面上制图纸。如：带控制点的流程图、化工设备的零件图和总装图、配电原理图、总平面布置图和土建的结构图等。

2. 三维设计软件

为了使所设计的装置真实地显示在屏幕上，便于审视和检查设计上有无差错，因此，要用三维软件建立装置模型。

（1）线框式三维设计软件

此种软件是20世纪80年代初应用较普遍的一种软件，它是以点、线、棱等基本几何元素来建立三维装置模型，提供线框设计能力、制图工具、截面分析、预置的或用户设置的三维坐标体系，参量部件建模，隐藏线消除，设备配置，以及与干扰检查、应力分析软件的接口，用以完成装置设计。

（2）三维实体模型设计软件

20世纪80年代中期，英国CAD Center公司和美国Intergraph公司先后推出了三维实体装置设计软件，在技术上比线框式设计软件有较大提高，很快在欧美、日本、中国等许多国家和地区普遍采用，它们能完成大型复杂的化工装置的设计，有完美的真三维实体建模，碰、撞、缺、漏检查，绘图标注，高效完成轴侧图和材料统计，以及消除隐藏线、光照、渲染等功能。

PDS 软件支持三级数据库，即工程数据库，激活设计数据库和主数据库，还备有接口程序可与 ISOGEN、Compipe、ASPEN PLUS 及 Rand Micas 等软件联合运行，能完成带控制点的流程图、仪表检索、仪表回路图、设备布置及设备数据表、建筑结构三维模型、管道三维模型、轴侧图和材料统计、暖风和电缆槽架方面的设计。还有 Design Review 和 Plant Review 软件进行装置模型内的漫游和动画功能。

PDMS 软件有较强的建库、校核、管理和数据传送，完备的三维建模，丰富的绘图标准，高效完成轴侧图和材料表等功能。

近来，CAD Center 公司又利用 SGI 工作站的高速图形功能发展了 Review 软件，从 PDMS 的数据库中取出全部或部分装置的电子模型，以渲染的三维图像动态显示。还可以设"模型人"在装置模型中任意穿行，用来审查设计模型，出现问题即时改正，并可立即看到修改结果。

此外，场地工程、总图运输、土建、设备及公用工程等也有专门的 CAD 软件供设计时使用，它们已经成为化工厂设计中不可缺少的工具和手段。

应用 CAD 技术改变了传统的手工方法，如：过去先做物料和热量衡算，再考虑公用工程系统的设计，而 CAD 技术可以把三者结合同时计算，减少了浪费，物料和热量各尽其用。手工计算依赖于图表数据，而今，用计算机可对过去不能手工计算的超临界物性和超额焓等均可快速计算出精确度较高的结果。

设计质量提高更是显而易见，过去人工统计材料，误差较大，用 CAD 技术后，精确度大大提高而且十分快捷。例如盘锦乙烯装置设计用计算机统计材料，仅就直径 200mm 以上的特种钢管道为例，总长约 10000m（统计结果)，按照此数据备料，施工结束后仅多余十多米，这是人工统计无法比拟的。另外，CAD 技术代替了工程师们绘图的工作，使他们有更多的精力去考虑技术问题，机器绘图既快又好，写出的文字又快又工整，设计效率平均提高 50%以上。

附　录

一、管子规格

1. 水煤气输送钢管（摘自 GB/T 3091—93，GB/T 3092—93）

公称直径 DN /mm(in)	外径 /mm	普通管壁厚度 /mm	加厚管壁厚度 /mm	公称直径 DN /mm(in)	外径 /mm	普通管壁厚度 /mm	加厚管壁厚度 /mm
8(1/4)	13.5	2.25	2.75	50(2)	60.0	3.50	4.50
10(3/8)	17.0	2.25	2.75	65(2½)	75.5	3.75	4.50
15(½)	21.3	2.75	3.25	80(3)	88.5	4.00	4.75
20(3/4)	26.8	2.75	3.50	100(4)	114.0	4.00	5.00
25(1)	33.5	3.25	4.00	125(5)	140.0	4.00	5.50
32(1¼)	42.3	3.25	4.00	150(6)	165.0	4.50	5.50
40(1½)	48.0	3.50	4.25				

2. 无缝钢管

① 冷拔无缝钢管（摘自 GB 8163—88）

外径/mm	壁厚度/mm	外径/mm	壁厚度/mm	外径/mm	壁厚度/mm
6	0.25～2.0	20	0.25～6.0	40	0.40～9.0
7	0.25～2.5	22	0.40～6.0	42	1.0～9.0
8	0.25～2.5	25	0.40～7.0	44.5	1.0～9.0
9	0.25～2.8	27	0.40～7.0	45	1.0～10.0
10	0.25～3.5	28	0.40～7.0	48	1.0～10.0
11	0.25～3.5	29	0.40～7.5	50	1.0～12
12	0.25～4.0	30	0.40～8.0	51	1.0～12
14	0.25～4.0	32	0.40～8.0	53	1.0～12
16	0.25～5.0	34	0.40～8.0	54	1.0～12
18	0.25～5.0	36	0.40～8.0	56	1.0～12
19	0.25～6.0	38	0.40～9.0		

注：壁厚度有 0.25，0.30，0.40，0.50，0.60，0.80，1.0，1.2，1.4，1.5，1.6，1.8，2.0，2.2，2.5，2.8，3.0，3.2，3.5，4.0，4.5，5.0，5.5，6.0，6.5，7.0，7.5，8.0，8.5，9.0，9.5，10，11，12mm。

② 热轧无缝钢管（摘自 GB 8163—87）

外径/mm	壁厚度/mm	外径/mm	壁厚度/mm	外径/mm	壁厚度/mm
32	2.5～8.0	63.5	3.0～14	102	3.5～22
38	2.5～8.0	68	3.0～16	108	4.0～28
42	2.5～10	70	3.0～16	114	4.0～28
45	2.5～10	73	3.0～19	121	4.0～28
50	2.5～10	76	3.0～19	127	4.0～30
54	3.0～11	83	3.5～19	133	4.0～32
57	3.0～13	89	3.5～22	140	4.5～36
60	3.0～14	95	3.5～22	146	4.5～36

注：壁厚度有 2.5，3，3.5，4，4.5，5，5.5，6，6.5，7，7.5，8，8.5，9，9.5，10，11，12，13，14，15，16，17，18，19，20，22，25，28，30，32，36mm。

二、某些金属材料的导热系数、密度和比热容

名称	密度 /(kg/m^3)	导热系数 /($W \cdot m^{-1} \cdot K^{-1}$)	比热容 /($kJ \cdot kg^{-1} \cdot K^{-1}$)	名称	密度 /(kg/m^3)	导热系数 /($W \cdot m^{-1} \cdot K^{-1}$)	比热容 /($kJ \cdot kg^{-1} \cdot K^{-1}$)
钢	7850	45.4	0.46	黄铜	8600	85.5	0.38
不锈钢	7900	17.4	0.50	铝	2670	203.5	0.92
铸铁	7220	62.8	0.50	镍	9000	58.2	0.46
铜	8800	383.8	0.406	铅	11400	34.9	0.130
青铜	8000	64.0	0.381				

三、管壳式换热器主要组合部件的分类及代号

前端管箱型式		壳体型式		后端结构型式	
A	平盖管箱	E	单程壳体	L	与A相似的固定管板结构
B	封头管箱	Q	单进单出冷凝器壳体	M	与B相似的固定管板结构
C	用于可拆管束与管板制成一体的管箱	F	具有纵向隔板的双程壳体	N	与C相似的固定管板结构
N	与管板制成一体的固定管板管箱	G	分流	P	填料函式浮头
D	特殊高压管箱	H	双分流	S	钩圈式浮头
		I	U形管式换热器	T	可抽式浮头
		J	无隔板分流（或冷凝器壳体）	U	U形管束
		K	釜式再沸器	W	带套环填料函式浮头
		O	外导流		

四、换热器型号的表示方法

本表示方法适用于卧式和立式换热器

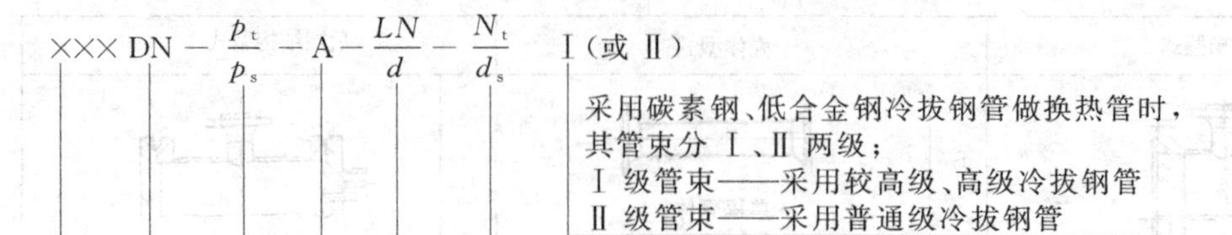

管/壳程数，单壳程时只写 N_t

LN——换热管公称长度，m；d—换热管外经，mm；当采用Al、Cu、Ti换热管时，应在 LN/d 后面加材料符号，如 LN/dCu

公称换热面积，m^2

管/壳程设计压力，MPa；压力相等时只写 p_t

公称直径，mm。对于釜式再沸器用分数表示，分子为管箱内直径，分母为圆筒内直径

第一个字母代表前端管箱型式
第二个字母代表壳体型式
第三个字母代表后端结构型式

示例

（1）浮头式换热器

平盖管箱，公称直径500mm，管程和壳程设计压力均为1.6MPa，公称换热面积 $54m^2$，碳素钢较高级冷拔换热管外径25mm，管长6m，4管程，单壳程的浮头式换热器，其型号为：

$$\text{AES500}-1.6-54-\frac{6}{25}-4\,\text{Ⅰ}$$

（2）固定管板式换热器

封头管箱，公称直径700mm，管程设计压力2.5MPa，壳程设计压力1.6MPa，公称换热面积 $200m^2$，碳素钢较高级冷拔换热管外径25mm，管长9m，4管程，单壳程的固定管板式换热器，其型号为：

$$\text{BEM700}-\frac{2.5}{1.6}-200-\frac{9}{25}-4\,\text{Ⅰ}$$

（3）U形管式换热器

封头管箱，公称直径500mm，管程设计压力4.0MPa，壳程设计压力1.6MPa，公称换热面积 $75m^2$，不锈钢冷拔换热管外径19mm，管长6m，2管程，单壳程的U形管式换热器，其型号为：

$$\text{BIU500}-\frac{4.0}{1.6}-75-\frac{6}{19}-2$$

（4）釜式再沸器

平盖管箱，管箱内直径600mm，圆管内直径1200mm，管程设计压力2.5MPa，壳程设计压力1.0MPa，公称换热面积 $90m^2$，碳素钢普通级冷拔换热管外径25mm，管长6m，2管程的釜式再沸器，其型号为：

$$\text{AKT}\,\frac{600}{1200}-\frac{2.5}{1.0}-90-\frac{6}{25}-2\,\text{Ⅱ}$$

（5）浮头式冷凝器

封头管箱，公称直径1200mm，管程设计压力2.5MPa，壳程设计压力1.0MPa，公称换热面积610m²，碳素钢普通级冷拔换热管外径25mm，管长9m，4管程，单壳程的浮头式冷凝器，其型号为：

$$\mathrm{BJS1200}-\frac{2.5}{1.0}-610-\frac{9}{25}-4\,\text{Ⅱ}$$

（6）填料函式换热器

平盖管箱，公称直径600mm，管程和壳程设计压力均为1.0MPa，公称换热面积90m²，16Mn较高级冷拔换热管外径25mm，管长6m，2管程，2壳程的填料函浮头式换热器，其型号为：

$$\mathrm{AEP600}-1.0-90-\frac{6}{25}-\frac{2}{2}\,\text{Ⅰ}$$

（7）固定管板式铜管换热器

封头管箱，公称直径800mm，管程和壳程设计压力均为0.6MPa，公称换热面积150m²，较高级H68A铜换热管，外径22mm，管长6m，4管程，单壳程固定管板式换热器，其型号为：

$$\mathrm{BEM800}-0.6-150-\frac{6}{22}\mathrm{Cu}-4$$

五、列管式换热器总传热系数 *K* 的范围

1．用作换热器

高温流体		低温流体		总传热系数 /W·m⁻²·℃⁻¹	备注
水溶液		水溶液		1400～2840	
有机物	粘度＜0.5×10⁻³Pa·s①	有机物	粘度＜0.5×10⁻³Pa·s	220～430	
	粘度(0.5～1)10⁻³Pa·s②		粘度(0.5～1)10⁻³Pa·s	115～340	
	粘度＞1×10⁻³Pa·s③		粘度＞1×10⁻³Pa·s	60～220	
	粘度＜1×10⁻³Pa·s②		粘度＜0.5×10⁻³Pa·s	175～340	
	粘度＜0.5×10⁻³Pa·s①		粘度＞1×10⁻³Pa·s	60～220	
有机溶剂		有机溶剂		115～350	
有机溶剂		轻油		115～400	
重油		重油		45～280	
SO_3气体		SO_2气体		6～8	
气体	常压	气体	常压	12～35	强制对流
	0.6～1.2MPa		0.6～1.2MPa	35～70	强制对流
	20～30MPa		20～30MPa	170～460	强制对流
	20～30MPa		常压(管外)	23～58	强制对流

① 为苯、甲苯、丙酮、乙醇、丁酮、汽油、轻煤油、石脑油等有机物。

② 为煤油、热柴油、热吸收油、原油馏分等有机物。

③ 为冷柴油、燃料油、原油、焦油、沥青等有机物。

2. 用作加热器

高温流体	低温流体		总传热系数/$W \cdot m^{-2} \cdot ℃^{-1}$	备注
水蒸气	水		1150～4000	污垢系数 0.18 $m^2 \cdot ℃/kW$
水蒸气	甲醇或氨		1150～4000	污垢系数 0.18 $m^2 \cdot ℃/kW$
水蒸气	水溶液	粘度＜0.002Pa·s	1150～4000	
水蒸气	水溶液	粘度＞0.002Pa·s	570～2800	污垢系数 0.18 $m^2 \cdot ℃/kW$
水蒸气	有机物	粘度＜0.5×10^{-3}Pa·s①	570～1150	
水蒸气	有机物	粘度$(0.5\sim1)10^{-3}$Pa·s②	280～570	
水蒸气	有机物	粘度＞1×10^{-3}Pa·s③	35～340	
水蒸气	气体		28～280	
水蒸气	水		2270～4500	水流速 1.2～1.5 m/s
水蒸气	空气		50	空气流速 3 m/s
水	水		400～1150	
热水	碳氢化合物		230～500	管外为水
熔融盐	油		290～450	
导热油蒸气	重油		45～350	
导热油蒸气	气体		23～230	

①、②、③同上表。

3. 用作冷却器

高温流体		低温流体	总传热系数/$W \cdot m^{-2} \cdot ℃^{-1}$	备注
水		水	1400～2840	污垢系数 0.52$m^2 \cdot ℃/kW$
甲醇、氨		水	1400～2840	
有机物	粘度＜0.5×10^{-3}Pa·s①	水	430～860	
有机物	粘度＜0.5×10^{-3}Pa·s①	冷冻盐水	220～570	
有机物	粘度$(0.5\sim1)10^{-3}$Pa·s②	水	280～710	
有机物	粘度＞1×10^{-3}Pa·s③	水	28～430	
气体		水	12～280	
水		冷冻盐水	570～1200	
四氯化碳		氯化钙溶液	76	管内流速 0.0052～0.011m/s
20%～40%硫酸		水	465～1050	水温 60～30℃
20%盐酸		水	580～1160	水温 110～25℃
有机溶剂		盐水	175～510	

①、②、③同上表。

4．用作冷凝器

高温流体		低温流体	总传热系数/W·m^{-2}·℃$^{-1}$	备注
有机物蒸气	大气压下	盐水	570～1140	
	大气压下含大量不凝性气体	盐水	115～450	
	减压下含少量不凝性气体	盐水	280～570	
	减压下含大量不凝性气体	水	60～280	
低沸点碳氢化合物(大气压下)		水	450～1140	
高沸点碳氢化合物(减压下)		水	60～175	
汽油蒸气		水	520	水流速 1.5m/s
汽油蒸气		原油	115～175	原油流速 0.6m/s
煤油蒸气		水	290	水流速 1m/s
水蒸气(加压下)		水	1990～4260	
水蒸气(减压下)		水	1700～3400	
氨蒸气		水	870～2330	水流速 1～1.5m/s
甲醇(管内)		水	640	直立式
四氯化碳(管内)		水	360	直立式
糠醛(管外、有不凝性气体)		水	125～220	直立式
水蒸气(管外)		水	610	卧式

六、壁面污垢热阻——污垢系数

1．冷却水

加热液体温度/℃	115 以下		115～205	
水的温度/℃	25		25 以上	
水的速度/(m/s)	1 以下	1 以上	1 以下	1 以上
	热阻/(m^2·℃/W)			
海水	0.8598×10^{-4}	0.8598×10^{-4}	1.7197×10^{-4}	1.7197×10^{-4}
自来水、井水、湖水、软化锅炉水	1.7197×10^{-4}	1.7197×10^{-4}	3.4394×10^{-4}	3.4394×10^{-4}
蒸馏水	0.8598×10^{-4}	0.8598×10^{-4}	0.8598×10^{-4}	0.8598×10^{-4}
硬水	5.1590×10^{-4}	5.1590×10^{-4}	8.5980×10^{-4}	8.5980×10^{-4}
河水	5.1590×10^{-4}	3.4394×10^{-4}	6.8788×10^{-4}	5.1590×10^{-4}

2．工业用气体

气体名称	热阻/(m^2·℃/W)	气体名称	热阻/(m^2·℃/W)
有机化合物	0.8598×10^{-4}	溶剂蒸气	1.7197×10^{-4}
水蒸气	0.8598×10^{-4}	天然气	1.7197×10^{-4}
空气	3.4394×10^{-4}	焦炉气	1.7197×10^{-4}

3．工业用液体

液体名称	热阻/(m^2·℃/W)	液体名称	热阻/(m^2·℃/W)
有机化合物	1.7197×10^{-4}	熔盐	0.8598×10^{-4}
盐水	1.7197×10^{-4}	植物油	5.1590×10^{-4}

4. 石油分馏物

馏出物名称	热阻/(m^2·℃/W)	馏出物名称	热阻/(m^2·℃/W)
原油	3.4394×10^{-4}～12.898×10^{-4}	柴油	3.4394×10^{-4}～5.1590×10^{-4}
汽油	1.7197×10^{-4}	重油	8.5980×10^{-4}
石脑油	1.7197×10^{-4}	沥青油	17.197×10^{-4}
煤油	1.7197×10^{-4}		

七、某些有机液体的相对密度

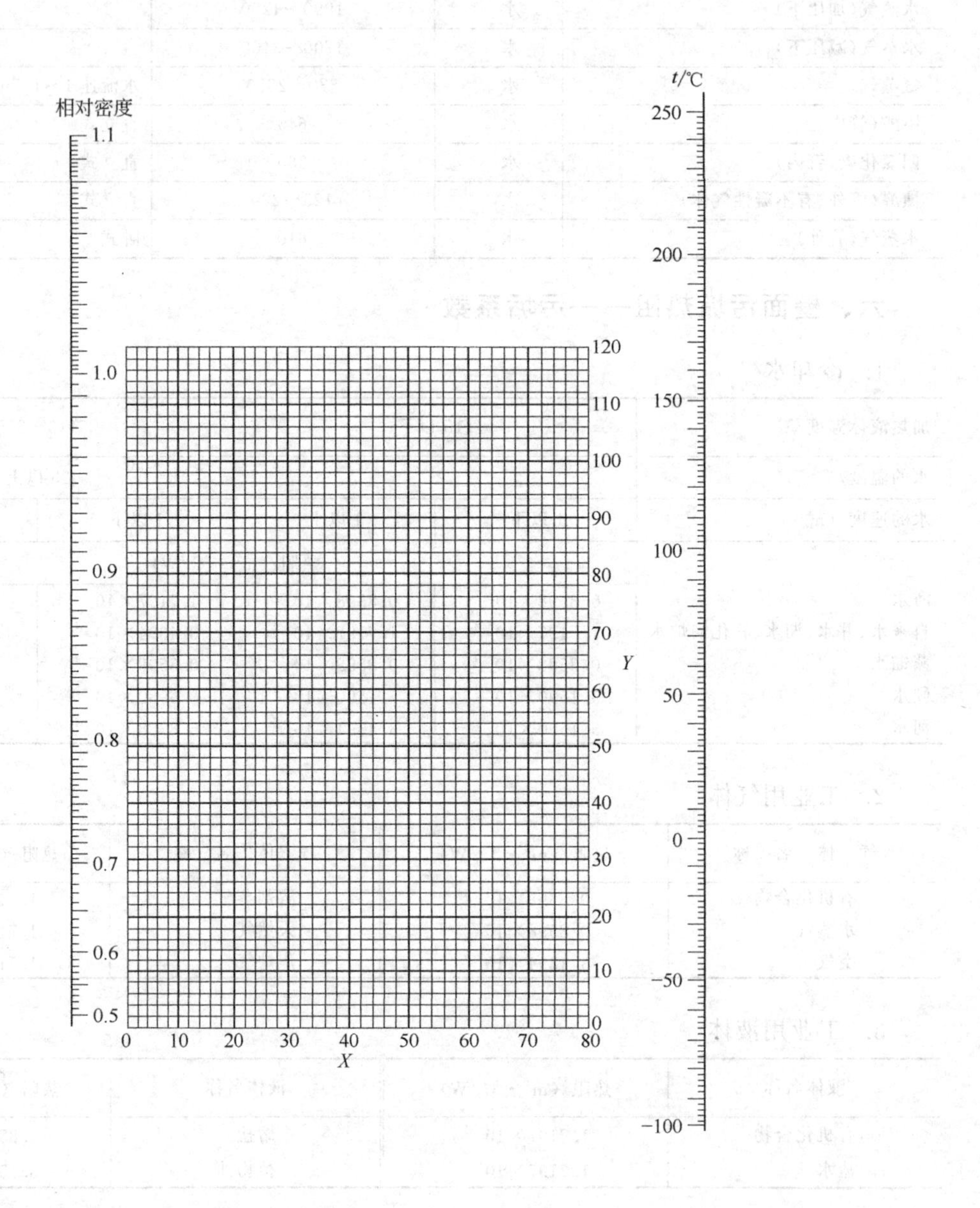

有机液体相对密度共线图的坐标值

序号	有机液体	X	Y	序号	有机液体	X	Y
1	乙炔	20.8	10.1	31	甲酸乙酯	37.6	68.4
2	乙烷	10.8	4.4	32	甲酸丙酯	33.8	66.7
3	乙烯	17.0	3.5	33	丙烷	14.2	12.2
4	乙醇	24.2	48.6	34	丙酮	26.1	47.8
5	乙醚	22.6	35.8	35	丙醇	23.8	50.8
6	乙丙醚	20.0	37.0	36	丙酸	35.0	83.5
7	乙硫醇	32.0	55.5	37	丙酸甲酯	36.5	69.3
8	乙硫醚	25.7	55.3	38	丙酸乙酯	32.1	63.9
9	二乙胺	17.8	33.5	39	戊烷	12.6	22.6
10	二氧化碳	78.6	45.4	40	异戊烷	13.5	22.5
11	异丁烷	13.7	16.5	41	辛烷	12.7	32.5
12	丁酸	31.3	78.7	42	庚烷	12.6	29.8
13	丁酸甲酯	31.5	65.5	43	苯	32.7	63.0
14	异丁酸	31.5	75.9	44	苯酚	35.7	103.8
15	丁酸(异)甲酯	33.0	64.1	45	苯胺	33.5	92.5
16	十一烷	14.4	39.2	46	氯苯	41.9	86.7
17	十二烷	14.3	41.4	47	癸烷	16.0	38.2
18	十三烷	15.3	42.4	48	氨	22.4	24.6
19	十四烷	15.8	43.3	49	氯乙烷	42.7	62.4
20	三乙胺	17.9	37.0	50	氯甲烷	52.3	62.9
21	三氯化磷	38.0	22.1	51	氯苯	41.7	105.0
22	己烷	13.5	27.0	52	氰丙烷	20.1	44.6
23	壬烷	16.2	36.5	53	氰甲烷	21.8	44.9
24	六氢吡啶	27.5	60.0	54	环己烷	19.6	44.0
25	甲乙醚	25.0	34.4	55	醋酸	40.6	93.5
26	甲醇	25.8	49.1	56	醋酸甲酯	40.1	70.3
27	甲硫醇	37.3	59.6	57	醋酸乙酯	35.0	65.0
28	甲硫醚	31.9	57.4	58	醋酸丙酯	33.0	65.5
29	甲醚	27.2	30.1	59	甲苯	27.0	61.0
30	甲酸甲酯	46.4	74.6	60	异戊醇	20.5	52.0

八、液体的表面张力

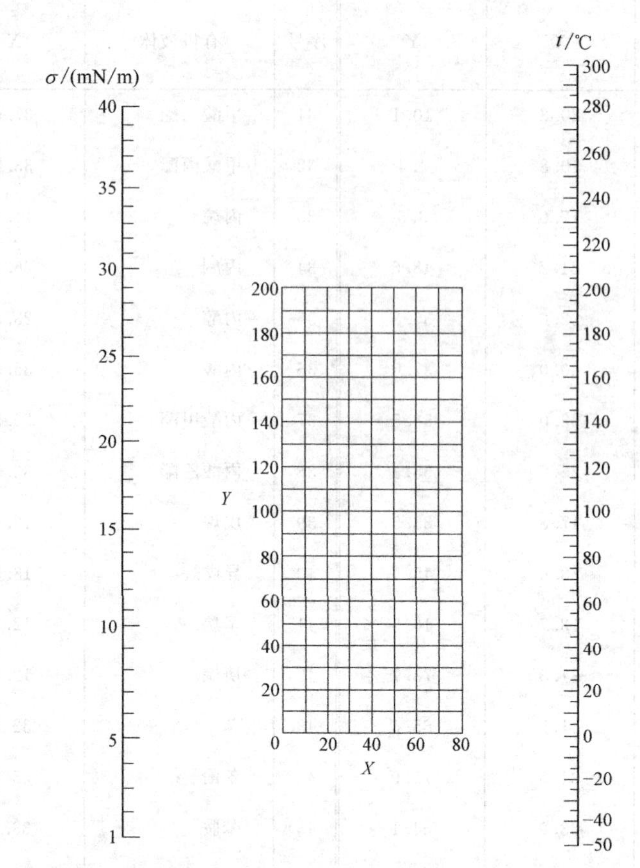

液体表面张力共线图的坐标值列于下表：

序号	液体名称	X	Y	序号	液体名称	X	Y
1	环氧乙烷	42	83	13	对二甲苯	19	117
2	乙苯	22	118	14	二甲胺	16	66
3	乙胺	11.2	83	15	二甲醇	44	37
4	乙硫醇	35	81	16	1,2-二氯乙烯	32	122
5	乙醇	10	97	17	二硫化碳	25.8	117.2
6	乙醚	27.5	64	18	丁酮	23.6	97
7	乙醛	33	78	19	丁醇	9.6	107.5
8	乙醛肟	28.5	127	20	异丁醇	5	103
9	乙酰胺	17	192.3	21	丁酸	4.5	115
10	乙醛醋酸乙酯	21	132	22	异丁酸	14.8	107.4
11	二乙醇缩乙醛	19	88	23	丁酸乙酯	17.5	102
12	间二甲苯	20.5	118	24	丁（异）酸乙酯	20.9	93

续表

序号	液 体 名 称	X	Y	序号	液 体 名 称	X	Y
25	丁酸甲酯	25	88	63	苯甲酸乙酯	14.8	151
26	丁(异)酸甲酯	24	93.8	64	苯胺	22.9	171.8
27	三乙胺	20.1	83.9	65	苯(基)甲胺	25	156
28	三甲胺	21	57.6	66	苯酚	20	163
29	1,8,5-三甲苯	17	119.8	67	苯并吡啶	19.5	183
30	三苯甲烷	12.5	182.7	68	氨	56.2	63.5
31	三氯乙醛	30	113	69	氧化亚氮	62.5	0.5
32	三聚乙醛	22.3	103.8	70	草酸乙二酯	20.5	130.8
33	己烷	22.7	72.2	71	氯	45.5	59.2
34	六氢吡啶	24.7	120	72	氯仿	32	101.3
35	甲苯	24	113	73	对氯甲苯	18.7	134
36	甲胺	42	58	74	氯甲烷	45.8	53.2
37	间甲酚	13	161.2	75	氯苯	23.5	132.5
38	对甲酚	11.5	180.5	76	对氯溴苯	14	162
39	邻甲酚	20	101	77	氮甲苯(吡啶)	84	188.2
40	甲醇	17	98	78	氰化乙烷(丙腈)	23	108.6
41	甲酸甲酯	38.5	88	79	氰化丙烷(丁腈)	20.3	113
42	甲酸乙酯	30.5	88.8	80	氰化甲烷(乙腈)	33.5	111
43	甲酸丙酯	24	97	81	氰化苯(苯腈)	19.5	159
44	丙胺	25.5	87.2	82	氢氰酸	30.6	68
45	对异丙基甲苯	12.8	121.2	83	硫酸二乙酯	19.5	139.5
46	丙酮	28	91	84	硫酸二甲酯	23.5	158
47	异丙醇	12	111.5	85	硝基乙烷	25.4	126.1
48	丙醇	8.2	105.2	86	硝基甲烷	30	139
49	丙酸	17	112	87	萘	22.5	165
50	丙酸乙酯	22.6	97	88	溴乙烷	81.6	90.2
51	丙酸甲酯	29	95	89	溴苯	23.5	145.5
52	二乙(基)酮	20	101	90	碘乙烷	28	113.2
53	异戊醇	6	106.8	91	对丙烯基茴香醚	13	158.1
54	四氯化碳	26	104.5	92	乙酸	17.1	116.5
55	辛烷	17.7	90	93	乙酸甲酯	34	90
56	亚硝酰氯	38.5	93	94	乙酸乙酯	27.5	92.4
57	苯	80	110	95	乙酸丙酯	23	97
58	苯乙酮	18	163	96	乙酸异丁酯	16	97.2
59	苯乙醚	20	134.2	97	乙酸异戊酯	16.4	130.1
60	苯二乙胺	17	142.6	98	乙酸酐	25	129
61	苯二甲胺	20	149	99	噻吩	35	121
62	苯甲醚	24.4	138.9	100	环已烷	42	86.7

九、主体设备工艺条件图示例

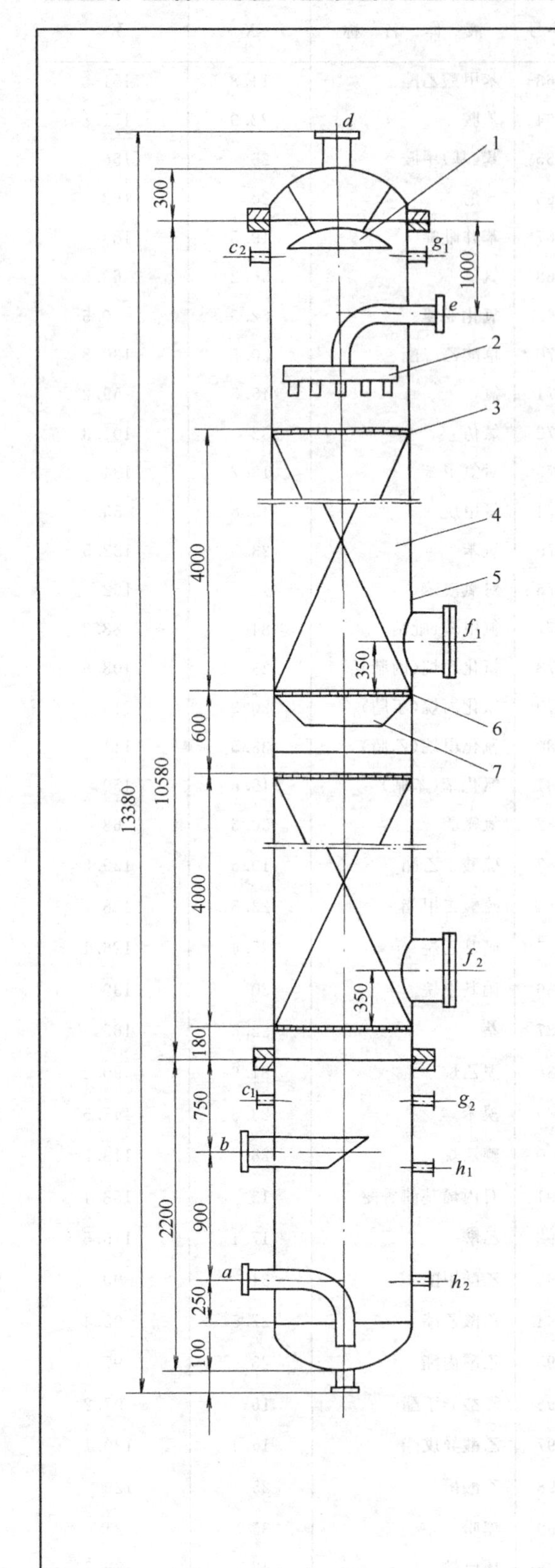

技术特性表

序号	名 称	指 标
1	操作压力	0.8MPa
2	操作温度	40℃
3	工作介质	变换气、乙醇、水
4	填料型式	阶梯环
5	塔径	1m
6	填料高度	2m

接 管 表

符号	公称尺寸	连接方式	用 途
a	100		富液出口
b	200		气体进口
$c_{1,2}$	40		测温口
d	200		气体出口
e	100		贫液进口
$f_{1,2}$	40		人孔
$g_{1,2}$	25		测压口
$h_{1,2}$	25		液面计接口
i	50		排液口

序号	图号	名称	数量	材料	备注
7		再分布器	1		
6		填料支承板	2		
5		塔体	1		
4		塔填料	1		
3		床层限制板	2		
2		液体分配器	1		
1		除沫器	1		

学校　　系　　专业			
职务	签　　名	日期	二氧化碳吸收塔 工艺条件图
设计			
制图			
审核			比例

参 考 书 目

1. 孙见君编. 管路布置与计算. 化学工业出版社，1997

2. 张德姜，王怀义，刘绍叶主编. 工艺管道安装设计手册·第一篇 设计与计算·北京：中国石化出版社，1994

3. 中华人民共和国国家标准. 管壳式换热器.（GB 151—1999）·北京：国家质量技术监督局，1999

4. 大连理工大学化工原理教研室编. 化工原理课程设计. 辽宁：大连理工大学出版社，1994

5. 柴诚敬、张国亮主编. 化工流体流动与传热. 化学工业出版社，2000

6. 华南理工大学涂伟萍，陈佩珍，程达芳编. 化工过程及设备设计. 北京：化学工业出版社，2000

7. 陈敏恒，从德滋，方图南，齐鸣斋编. 化工原理. 上、下册. 北京：化学工业出版社，1999

8. 上海医药设计院编. 化工工艺设计手册. 北京：化学工业出版社，1996

9. 张洋主编. 高聚物合成工艺设计基础. 北京：化学工业出版社，1981

10. 天津大学化工原理教研室编. 化工原理课程设计. 天津：天津科学技术出版社，1994

内 容 提 要

本书由全国化工高职高专教材编写委员会组织编写。是《流体流动与传热》、《传质与分离技术》两门课的配套教材。全书分六章，内容包括概论、化工管路、列管式换热器设计、填料吸收塔设计、板式精馏塔设计、计算机在化工设备设计中的应用简介。主要介绍化工单元过程课程设计的基本技术、方法以及典型设备的结构。在第三、四、五章中都编入了适当的示例和设计举例。目的是训练学生查阅文献资料、收集数据、确定设计方案、选择工艺流程、进行工艺计算、绘制设备结构简图、编写设计说明书等能力。书中附有必要的设计参数和典型图例及附录等。

本书可作为化工及相关专业的高职、高专、成教教材，也可供相关技术人员参考。